本著作为2022年度新疆维吾尔自治区普通高究基地边疆中华文史研究中心开放课题"新疆传统建筑木雕文化艺术研究（BJWSY202221）的成果之一。

中国各地传统建筑木雕装饰艺术研究

闫召夏　魏鹏郦 ◎ 著

吉林出版集团股份有限公司
全国百佳图书出版单位

图书在版编目（CIP）数据

中国各地传统建筑木雕装饰艺术研究 / 闫召夏，魏鹏郦著 . -- 长春 : 吉林出版集团股份有限公司, 2024.9. -- ISBN 978-7-5731-5972-4

Ⅰ . TU-852

中国国家版本馆 CIP 数据核字第 20242GN055 号

中国各地传统建筑木雕装饰艺术研究
ZHONGGUO GEDI CHUANTONG JIANZHU MUDIAO ZHUANGSHI YISHU YANJIU

著　　者	闫召夏　魏鹏郦
责任编辑	李　娇
封面设计	张　肖
开　　本	710mm×1000mm　　1/16
字　　数	140 千
印　　张	8.5
版　　次	2025 年 3 月第 1 版
印　　次	2025 年 3 月第 1 次印刷
印　　刷	天津和萱印刷有限公司

出　　版	吉林出版集团股份有限公司
发　　行	吉林出版集团股份有限公司
地　　址	吉林省长春市福祉大路 5788 号
邮　　编	130000
电　　话	0431-81629968
邮　　箱	11915286@qq.com
书　　号	ISBN 978-7-5731-5972-4
定　　价	72.00 元

版权所有　翻印必究

前　言

　　中国传统建筑木雕装饰艺术是中国古代建筑文化的重要组成部分。木雕装饰作为一种传统的建筑装饰，不仅在建筑结构上起到装饰美化的作用，更重要的是通过雕刻的形象、图案和纹饰，传递着内涵丰富的文化。木雕装饰艺术在中国古代建筑中得到了广泛应用。无论是宫殿、庙宇、园林还是民居，都可以看到精美的木雕装饰作品。这些作品以精湛的雕刻技艺和独特的设计风格，充分展现了中国古代建筑的美学价值和审美追求。

　　在木雕装饰中，常见的主题包括花鸟、人物、神兽、山水等。这些主题既反映了自然界的美好与和谐，又寄托了人们对于美好生活和幸福的向往。通过精心雕刻和巧妙组合，木雕装饰赋予了建筑生命和灵气，使建筑更加生动有趣。中国传统建筑木雕装饰艺术常常融入中国传统文化的符号和象征，如龙凤、莲花、云纹等。这些符号和象征代表着古人对吉祥、繁荣和幸福的追求，体现了中国传统文化的价值观和信仰。

　　木雕装饰还承载着丰富的历史记忆，通过木雕装饰，我们可以了解到不同历史时期的建筑风格和审美趋向。每一件木雕作品都是时间的见证，记录着古代建筑的演变和发展过程。它们不仅是建筑的装饰，更是历史的见证和文化的传承者。在现代社会，虽然建筑材料和装饰技术发生了很大的变化，但中国传统建筑木雕装饰艺术仍然具有重要的价值和意义。中国传统木雕不仅是中国传统文化的瑰宝，也是当代艺术与设计的重要参照。许多建筑师和设计师在现代建筑中融入木雕装饰元素，把传统与现代相结合，创造出独特的建筑作品。

　　然而，中国传统建筑木雕装饰艺术也面临着挑战。随着现代工业化进程的推进以及城市化的高速发展，许多传统建筑被拆除或改建，传统木雕装饰也面临着消亡和失传的风险。此外，由于传统木雕装饰技艺复杂，且受时间成本的限制，木雕艺人培养工作也面临着一定的困难。因此，保护和传承中国传统建筑木雕装饰艺术是当务之急。

总之，中国传统建筑木雕装饰艺术是一门独特且精湛的艺术形式，它不仅展现了中国古代建筑的美学价值，还承载了深厚的文化内涵和历史记忆。保护和传承这一宝贵的艺术遗产，不仅是对中国传统文化的尊重，也是对建筑艺术和文化传统的发展与创新。只有我们共同努力，才能让中国传统建筑木雕装饰艺术在当代社会焕发出新的生机和活力。

本书第一章为建筑木雕概述，分别介绍了木雕的起源与发展、建筑装饰木雕的题材、木雕的图案种类与寓意、不同建筑部位常用的雕刻方法四个方面的内容；第二章为明清时期东阳建筑木雕装饰艺术，主要介绍了四个方面的内容，依次是东阳建筑木雕装饰的形成发展、明清时期东阳建筑木雕装饰比较、明清时期东阳建筑木雕装饰文化、明清时期东阳木雕装饰图案；第三章为北方传统建筑木雕装饰艺术，主要介绍了三个方面的内容，依次是北方建筑木雕装饰的主要部件、北方建筑木雕装饰的表现手法、北方建筑木雕装饰的功能；第四章为新疆传统建筑木雕装饰艺术，依次介绍了新疆传统建筑木雕装饰纹样及图案特征、新疆传统建筑木雕装饰艺术的应用、新疆传统建筑木雕装饰工艺及传承；第五章为大理白族建筑木雕装饰艺术，主要介绍了三个方面的内容，分别是白族建筑木雕装饰构件、白族建筑木雕装饰表现形式、白族建筑木雕的保护。

在撰写本书的过程中，作者参考了大量的学术文献，得到了许多专家、学者的帮助，在此表示真诚的感谢。由于作者水平有限，书中难免有疏漏之处，希望广大同行与读者指正。

闫召夏　魏鹏郦

2024 年 1 月

目录

第一章　建筑木雕概述 ·· 1
　　第一节　木雕的起源与发展 ·· 1
　　第二节　建筑装饰木雕的题材 ·· 11
　　第三节　木雕的图案种类与寓意 ··· 12
　　第四节　不同建筑部位常用的雕刻方法 ·· 16

第二章　明清时期东阳建筑木雕装饰艺术 ··· 23
　　第一节　东阳建筑木雕装饰的形成发展 ·· 23
　　第二节　明清时期东阳建筑木雕装饰比较 ·· 26
　　第三节　明清时期东阳建筑木雕装饰文化 ·· 39
　　第四节　明清时期东阳木雕装饰图案 ··· 54

第三章　北方传统建筑木雕装饰艺术 ··· 73
　　第一节　北方建筑木雕装饰的主要部件 ·· 73
　　第二节　北方建筑木雕装饰的表现手法 ·· 79
　　第三节　北方建筑木雕装饰的功能 ··· 82

第四章　新疆传统建筑木雕装饰艺术 ··· 91
　　第一节　新疆传统建筑木雕装饰纹样及图案特征 ····································· 91
　　第二节　新疆传统建筑木雕装饰艺术的应用 ·· 96
　　第三节　新疆传统建筑木雕装饰工艺及传承 ·· 102

第五章　大理白族建筑木雕装饰艺术……………………………………109
　　第一节　白族建筑木雕装饰构件……………………………………109
　　第二节　白族建筑木雕装饰表现形式………………………………116
　　第三节　白族建筑木雕的保护………………………………………126

参考文献……………………………………………………………………129

第一章　建筑木雕概述

建筑木雕具有悠久的历史和独特的艺术价值。建筑木雕可以用于门窗、柱子、梁架、栏杆等建筑部位，为建筑物增添艺术气息和个性化特色。本章为建筑木雕概述，分别介绍了木雕的起源与发展、建筑装饰木雕的题材、木雕的图案种类与寓意、不同建筑部位常用的雕刻方法四个方面的内容。

第一节　木雕的起源与发展

木雕，是以各种木材及树根为原材料进行雕琢加工的一种工艺形式，是传统雕刻艺术中的重要门类。中国木雕的出现、发展与本民族的生活环境、文化传统、观念意识、生活习惯有着密切的联系。人类自诞生以来，就开始对树木资源加以利用，如构木为巢、刳木为舟、雕木为桨、钻木取火等。所有这些使用木材的行为，都使原始先民与之产生无法断绝的联系。除结绳记事，人们还用刻木的方法来记事，这应该可以被视为木雕艺术的肇始之举。古人很早就意识到要尊重自然、敬畏自然，在建筑和家具方面多采用木质结构，因此，木材在当时占据十分重要的地位，久而久之就形成了独特的"木文化"。在历史的发展过程中，人们对木材的利用达到了极致，木材在人类的生活中一直扮演着极为重要的角色。

从木雕的概况分析，我们发现木材作为传统雕刻材料之一，其优势表现为，便于采集、可塑性强、结构灵活、易于拼装，具有柔韧性、通透性等物理属性。木材的缺陷是易腐蚀、易变形，不易保存等。就是这样一种并不能称得上完美的材料，我们的祖先将雕刻技艺在其身上发挥得淋漓尽致。事实上，这种做法体现出的内涵是：呈现物态化的木雕作品不仅是物态形式的精神作品，也是精神活动的物化载体。

一、木雕的起源

燧人氏是汉族神话传说中上古时期的部落首领，燧明国（今河南商丘）人，有巢氏之子。他在今河南商丘一带钻木取火，教人制作熟食，是华夏人工取火的发明者，结束了远古人类茹毛饮血的历史。燧人氏的神话反映了中国原始时代从利用自然火进化到人工取火的历程。燧人氏是神话中以智慧、勇敢、毅力为人民造福的英雄。燧人氏死后葬于今商丘古城西南，建有燧皇陵。燧人氏钻木取火，在钻木的过程中，使木材上有雕琢的痕迹，也许可以认为是木雕的起源。

有人认为，中国的木雕艺术起源于新石器时代。从某种意义上说，人类的发展史其实就是木雕艺术的发展史，也就是说，木雕艺术自人类诞生就存在了。只不过当时人们并没有在意，直到审美意识产生，它才真正发展为一门艺术。

二、木雕的发展

我们推断，木雕是在人类掌握工具制造之后，并且是在发明其他器具的过程中产生的。因为，制作加工陶器，需要先把木质材料雕刻成想要的器具形态，然后在木质的胎体外附上泥土再进行烧制。有人认为，木雕大约可以追溯到原始社会新石器时代后期的制陶工艺。

（一）原始时期的木雕

中国目前发现最早的木雕实物是在浙江余姚河姆渡遗址中出土的木鱼，它长 11 厘米，高 3.5 厘米。除去有眼睛和鳃的形象，周围还布满了清晰的阴刻圆涡纹，表现出鱼鳞和水珠的特征。虽然造型简单，做工较粗糙，但都已经初步表现了阳线雕与阴线刻的基本技法。浙江余姚河姆渡遗址出土的木碗，口径椭圆，外涂朱红漆，是中国最早的木质容器实物。

（二）夏商周时期的木雕

在商代，已出现了包括木雕在内的"六工"。据《周礼·考工记》记载："攻木之工：轮、舆、弓、庐、匠、车、梓。"其中梓为梓人，专做小木作工艺，包括雕刻。随着手工业的发展，生产技术不断进步，人们发明了冶炼和铸造技术，可以雕铸出各种青铜物品，当然也包括青铜工具，这为木雕工艺的发展创造了必要的条件。出土的夏商时期的木雕工艺品多为礼器。此时的雕刻技术已形成固定的模式，即浅雕工艺。例如，湖北龙盘城商代遗址中的漆木棺椁，其周身布满精致的阳刻饕餮纹和云雷纹雕花，与青铜器上的纹样造型毫无差别，是我国早期木雕艺术品中的精品。古人使用青铜工具装饰和处理木构件，一方面提高了木雕的技术水平，另一方面工作效率大幅提升。当时，古人在建筑和装饰房屋时，门、窗、梁、栏杆、柱子等部位已经融入了雕刻技术，并运用色彩加以装饰。比如，奴隶主按照当时的居住场景修建陵墓，殷墓采用了施彩木雕，这真实地反映了奴隶主的宫殿构造。施彩木雕多采用象征权威的图案，比如虎、饕餮等，颜色以红、白、黑为主。

商周时期是我国木雕艺术发展的一个重要阶段，在逐步发展的过程中也形成了一定的民族特色，该时期遗存的木雕实物不是很丰富，但从出土的青铜器、玉器等器物的雕刻装饰上，同样可以窥见当时木雕的发展状况。考古出土的西周时期的漆木器一般都是残缺的。在西周初期的北京琉璃河燕国墓地发掘出来的木胎豆、觚、罍等，都有彩绘、嵌饰或雕刻的纹饰。这一时期的装饰虽然没有后世奢华，但也显示了劳动人民的创造才能和对人类文明的卓越贡献。夏商周时期，建筑雕绘日渐流行。考古工作者在河南安阳殷墟妇好墓中，不仅发现了享堂遗址，而且发掘出很多带有禽鸟石雕的建筑构件。随着社会的进步，统治者掌握了大部分的社会财富，他们开始追求建筑上的奢华装饰。这在客观上促进了建筑装饰技术的发展，木雕和石雕在泥塑的基础上应运而生。先秦的文献中记录了很多关于建筑雕镂藻绘的内容。

（三）春秋战国时期的木雕

春秋战国时期，社会生产力得到较大发展，手工业的分工越来越细，铁制工艺的不断进步与发展，促进了雕刻工具的初步完善，为木雕工艺的发展提供了物质基础。此时，木雕行业已经细分为建筑雕刻、家具雕刻、兵车雕刻、战船雕刻、木器雕刻、礼祭造像以及造型生动的人物木雕、动物木雕等不同的类型。在春秋战国这样一个充满变革的历史时期，科学技术和手工工艺在各国之间相互传播交流，各种新的制作工艺层出不穷。其中最具有代表性的人物就是鲁国的鲁班，他发明了曲尺和墨斗等工具，被尊为木工的祖师。这些工具的出现也说明这一时期建筑营造和木制家具制作技术又前进了一大步。鲁班在建筑、车船及雕刻等方面作出了重要贡献，受到了各阶层的尊重。传说在一次建造宫殿时，工匠把做大殿殿柱的珍贵木材截短了，鲁班急得夜不能寐。他的妻子知道后，将鞋底垫厚，头戴发簪花环站在鲁班面前，鲁班茅塞顿开，遂命人用雕琢的石墩作为柱子基础，又在柱头与梁架之间设计制作了替木，并雕刻花鸟进行了装饰。这样既弥补了柱子截短的缺陷，又增添了装饰效果，鲁班不但没有获罪，反而得到皇帝的赞赏。这个传说说明当时的建筑领域已经重视建筑构件的雕饰，且手段也非常成熟。从湖北省随州市曾侯乙墓出土的战国早期彩绘漆内棺来看，战国时期木雕工艺已发展到了一个比较繁荣的阶段，各种雕刻技法已经比较成熟。战国时期，楚国木漆器图案的表现手法主要有两种：一种是浮雕和透雕，另一种是用漆色画出色彩。在这些木制品中，有很多表现怪兽、怪鸟的立体雕刻，如虎、豹、鹿、鸳鸯、凤、鸟、蛙、蟒蛇、镇墓兽等动物形象，这些都是极为写实的木雕装饰。此时的代表作品有彩漆木雕乐器虎座鸟鼓架，它采用圆雕手法，造型夸张生动，体现出我国雕塑艺术朴拙简练的艺术风格。

（四）秦汉时期的木雕

到了秦朝，经济的发展促进了雕刻工艺的进步。此时，除了沿袭春秋战国时期的漆工艺，秦朝还产生了立体圆雕工艺，然而，此阶段的立体圆雕工艺只注重形式。直至汉代，独具东方特色的木雕艺术风格才逐渐形成，这一时期，不仅木制品造型优美，而且立体圆雕的操作技法也有了显著提高。秦始皇统一天下后，以咸阳宫阙为核心进行扩建，并仿照六国宫殿的样式吸取各国之长。秦始皇构建的宫室建筑群遍及咸阳内外二百里，共二百七十座。《史记·秦始皇本纪》中记载："始皇以为咸阳人多，先王之宫廷小……乃营作朝宫渭南上林苑中。先作前殿阿房，东西五百步，南北五十丈，上可以坐万人，下可以建五丈旗。周驰为阁道，自殿下直抵南山。"从史料中可以看出秦朝建筑物的宏伟壮观，但是这些大型建筑物没能很好地保存下来，木雕实物更是少之又少。但是从秦始皇陵兵马俑这一世界奇迹，我们可以推断出，当时已经形成了十分精湛的木雕工艺，人们在建筑上已经充分利用了木质结构的特点。

木雕艺术在汉朝时期异常重要，在中国的艺术史上扮演着关键角色。它不仅延续了战国和秦朝的雕刻工艺，还在风格上保留了楚国浪漫主义的乡土气息。当时，人们多采用圆雕、浮雕、线刻等雕刻技巧，在线与面、粗与细、简与繁中取得平衡，呈现出了完美的效果。在汉代，木雕主要用于制作立体雕塑，如俑、动物、车船模型等，此外淳板的浮雕也多采用此工艺。根据河南出土的东汉陶楼明器可以推断出，汉朝建筑结构逐渐由高台建筑转变为高层木结构，斗拱的形式不断发展，建筑屋顶的形式已包含了当下常见的形式。

（五）魏晋南北朝、唐宋时期的木雕

在魏晋南北朝时期，佛寺建筑随处可见，佛寺的梁柱、斗拱、廊檐、门窗被精雕细刻，瑰丽无比，佛像的塑造也是神形兼具，精彩绝伦。北魏时期的木构楼阁建筑借鉴了印度的佛教建筑特点，从而创造出了中国式高塔建筑风格，其特点为上累金盘、下为重楼。

到了唐宋时期，封建社会逐渐发展到了顶峰，建筑工艺也逐渐成熟，这为中国古典园林的发展奠定了基础。此时的木雕工艺在原有的基础上发生了质的变化，工艺达到了更高水平，成为当时东方文明的代表，深刻地影响着以后木雕工艺美术的发展。唐朝的木雕工艺多以花鸟图案为题材，并且图案形象生动活泼、栩栩如生。不管是动物还是人物，木雕工艺都能很好地呈现生动逼真的艺术效果，展现了极高的艺术水平。唐朝的工艺美术具有健壮之美，或丰满、圆润，或朝气蓬勃，或含蓄隽永。唐朝时期，人们已经采用成熟的模数制来进行木质建筑的设计、施工。中唐，建筑技术愈发高超，尤其是在园林建造方面，既借鉴了江南园林的空间节奏划分、比例、对比、掩映、借景、对景等造园技法，也采用了通过添加动物、声音等元素来充实意境、激发情感，甚至利用温差创造小气候的精湛技法。唐代木雕技艺广泛展现在宗教建筑和造像上以及木俑雕塑上。保存至今的唐代木结构建筑有山西的南禅寺和佛光寺。此外，河北正定开元寺钟楼可能是晚唐时的木构建筑。据记载，唐代有不少能工巧匠能够雕刻檀木雕像，其中有一种檀木制成的小佛龛，名为"檀龛宝相"，在唐初十分流行。总体来看，唐代的造像肉感明显，丰腴肥硕，仪态温和端庄。在衣着处理上，采取的是"薄衣贴体"的手法。

唐代木雕也用于室内陈设，在案、几、床、铺及乐器等日用品上，处处都饰以雕刻，纹样丰富多样，非常精美。在装饰题材方面，人物、动物的造型生动传神，达到了很高的艺术水准。花鸟纹样也已经成为木雕的主要题材，而且大多写实生动。另外，龙凤、云纹等在木雕装饰上也十分普及。据说唐代木雕的繁荣与木偶戏的流行也有关系。《明皇杂录》记载，唐明皇曾被李辅国逼迫迁居于西内宫，心情郁闷，写了一首《傀儡吟》。其中的"刻木牵丝作老翁"描写的就是牵线木偶。

五代十国虽是一个短暂的割据时代，但文化艺术仍得到了一定的发展。雕刻方面，其题材和艺术手法基本承袭了中、晚唐的余韵，也留下了部分较好的作品。例如，苏州虎丘云岩寺塔出土的小型造像。

在宋代，整个社会的思想意识倾向于世俗化。雕刻艺术的表现形式开始向现实主义和写实方向发展，表现方法更加现实与通俗化，显示出了时代特征。在宋代佛像雕刻中，菩萨形象的塑造成就最高，木菩萨像是宋代寺庙造像中的主要种类之一。例如，山东长清灵岩寺的罗汉造像，据猜测有一部分为宋代的。中国国家博物馆馆藏宋代木雕观音，高2米，体量硕大，形体比例准确，全身绫缎，刻画简练，富有轻柔之感，神态端庄，极具美感。宋代《营造法式》使建筑木雕装饰有了固定的格式，尤其是矩形结构的木质构件，比如梁和斗拱等，成为当时建筑活动的范本，为以后人们研究宋代之前的建筑特点打下了基础。当时，人们为了追求雍容华贵的建筑风格，在装饰殿堂楼阁和庙宇民居时越来越倾向于采用木雕技术。例如，建于北宋天圣年间的山西太原晋祠圣母殿，基本上遵照了《营造法式》的规定。其大殿建筑构件中的曲木、斜撑、悬鱼、角神等的雕刻技法已非常成熟，刻画细腻。宋代木雕建筑装饰的代表有四川江油云岩寺、河北正定龙兴寺、江苏玄妙观三清殿。

在宋代，木雕工艺品涉及文房用品、手杖把、尘尾柄、剑鞘等，其装饰图案包括人物、龙凤等，制作时可以根据器物的需要灵活改变其形状。关于材质，人们更倾向于选择紫檀木和黄杨木等材料，通过精湛的雕刻工艺将其制作成精美的工艺品。苏州瑞光塔下出土的北宋木雕舍利宝幢是举世罕见的佛教遗物。宝幢由须弥座、经幢、塔刹三部分组成，结合了木雕、描金、玉雕、穿珠及金银等特种工艺，整体气势宏伟，美轮美奂。其上雕刻神仙、狮子、祥云、宝山、大海、如意等形象，各具风采。宋代还出现了印染所用的木质雕花印版和印刷所用的木刻雕版。制成的印花布、年画等形象生动、图案精美，这从另一方面反映出当时雕刻工艺的繁荣昌盛。

（六）明清时期的木雕

明清时期是中国传统工艺发展的辉煌时期。明代的工艺美术形成了宫廷、民间两大体系。宫廷工艺品是为少数皇权统治者服务的，因此，工艺上讲究精细、富贵和严谨；而民间工艺品是在民间创造，供民间使用，因此，其风格朴素、大方，能生动反映民俗风情，具有浓厚的生活气息。明清时期的雕刻艺术已经相当成熟。其中，木雕工艺在继承了唐宋时期雕刻技艺基础上也更加发达。明清时期是传统木质结构建筑发展的末期，它继承了以前各个发展阶段的成果，逐渐在建筑形式、工艺技术等方面形成了统一的建筑风格。其中，木雕建筑装饰取得了显著的成就，成为这一时期最耀眼的东方文化瑰宝。

因为特殊的历史因素，我们很难再真实领略明清之前的建筑风格。但是从遗留下来的明清时期的建筑装饰木雕来看，其内容更加丰富，工艺显著提高，其应用范围不再局限于宫殿或者寺院，民间的馆舍、民居、门楼等都广泛采用了木雕技术，装饰木雕也遍布建筑物的各个角落。此时，木雕在技术和艺术领域都获得了较高的发展，比较典型的有皇家的宫殿、寺院和江南的园林建筑。随着雕刻技术的不断发展，产生了嵌雕组合形式和贴雕：前者是将雕刻好的部件用胶粘贴在浮雕或透雕木质构件上；后者是将雕刻好的图案组合到建筑构件上。贴雕加强了建筑物内檐的装饰效果，得到了广泛认可和应用。

木雕佛像在明清时期是木雕艺术的一个重要领域，因而存世作品颇多。如泉州开元寺明代甘露戒坛佛群像。河北承德普宁寺大乘阁内的千手观音菩萨金漆木雕佛像，高20多米，是中国现存最大的清代木雕佛像。家具装饰木雕到明清时期也达到了艺术顶峰。明代家具造型简洁、质朴，强调家具形体的线条，确立了以"线脚"为主要形式的造型手法，装饰洗练，工艺精致，显得古雅、隽永、大方，实用性很强。清代家具在造型与结构上基本继承了明代家具的传统，木雕装饰开始追求富丽繁复，并且运用了镶嵌工艺。"百工桌，千工床"[①]，就强调了雕刻之烦琐与精美程度。一张"千工床"，犹如一座亭台楼阁，内部设施样样俱全，所有

---

① 苗红磊．木雕[M]．北京：中国社会出版社，2008．

部件都有装饰雕刻。宁波保国寺有一顶清代的花轿，高近3米，长近2米，宽1米有余。轿上装饰的木雕人物有300多个，轿顶四周有重重叠叠的楼台亭榭雕刻，精致烦琐，玲珑美观，犹如一座缩小的宫殿，被称为"花轿之王"。

明清家具的雕刻技法以线雕、浮雕、透雕为主，图案形象有龙凤、花草、云纹、如意、福禄寿喜等，这些体现着鲜明独特的民族文化特色，也形成了苏式家具、广式家具、京作家具、云南大理石镶嵌家具等地方特色。木雕工艺品中文人用具、案头摆设、笔筒臂搁、八宝锦盒、提盒等也颇为突出。明代孔谋开创了利用木材天然疤痕进行创作的新领域。他塑造的人物、禽鸟，线条流畅、栩栩如生。明清木雕名家濮仲谦，善于因材施艺，雕刻紫檀、乌木器件。近现代木雕家具在继承的基础上有了创新。在实用结构的设计上，既借鉴了传统结构，又结合了现代人的生活方式。

（七）近代木雕

近代，人们建造房屋普遍采用木质结构，因此木雕工艺获得了空前的发展，成为传统木雕工艺的鼎盛时期，在这一时期，建筑木雕成为建筑物的一大特色。木雕的题材更加多样，内容更加贴近日常生活，常常反映人们对生活的美好愿景。经过历代工匠的不断积累和发展，木雕工艺高度繁荣，逐渐形成了独特的建筑风格。由于地域差异，木雕工艺产生了许多流派，并逐渐发展壮大，甚至在国内外享有盛名，比如浙江东阳木雕、乐清黄杨木雕、福建泉州木雕、广东潮州金漆木雕、福建龙眼木雕、台湾木雕、云南剑川木雕、苏州红木雕刻、上海黄杨木雕等。

（八）现代木雕

中华人民共和国成立后，我国实行改革开放的政策，经济水平不断提高，这为现代木雕工艺的发展创造了良好条件。艺术家受到现代艺术的启发，不断更新木雕创作的观念，逐渐深化对木雕创作形式和木质材料语言的认识，摆脱了原有观念的束缚，大胆地进行木雕创作，表现形式更加自由。这使得木雕艺术呈现出多元化的发展趋势，艺术家赋予木质材料更多艺术语言和表现形式，使木雕艺术拥有更多发展可能。

改革开放初期，很多艺术家举办了以木雕作品为主题的艺术活动，比如黄锐、王克平、严力等人在中国美术馆组织的"星星美展"活动,这次活动的成功举办产生了深远的影响,意味着中国现代艺术的兴起。名为《沉默》的木雕作品是此次活动的一件展览品,由艺术家王克平创作。作品是一尊木雕头像,蒙住的眼睛和堵住的嘴巴展现了作者内心的复杂情感以及对现实生活的不满。艺术家充分利用了木材本身的特点,将树枝与树干的分叉部位雕刻成嘴巴造型,营造了一种沉闷压抑的氛围。观赏者通过木雕作品,被作者追求和向往自由的精神和情感所打动。

在现代木雕创作中,一件优秀的木雕工艺品,不仅在于精湛的工艺,还在于雕塑家对材料的理解和运用。雕塑作品反映了作者对问题的思考方式和理解深度。随着时代的进步和科技的发展,木雕技术也在不断更新,呈现出多元的发展态势。对于木雕作品而言,木雕的表现形式更加丰富多彩,语言逐步深化,作品感染力显著增强;对于雕塑家而言,他们拥有了更加多样化的情感表达方式,表达效果更加显著。这在一定程度上激发了他们的创作热情。然而从雕塑的现状来看,木雕艺术的发展仍面临许多困境,只有少数雕塑家在坚持运用传统的木质材料进行创作,并产生了很多优秀作品,他们持之以恒的精神不断灌溉着现代木雕的种子,使之不断生根、发芽,不断发展壮大。

雕塑艺术家用作品阐述着自己对艺术和生活的理解,推动着中国雕塑行业的发展,其中影响较大的老一辈艺术家有刘焕章、孙家钵、张德华、夏肖敏、滕文金、田世信等人。他们的作品在各种比赛、展览等活动中都非同凡响,比如张德华的名为《向往》的木雕作品于1982年在法国的春季沙龙展上获得了金奖。这既是世界对中国木雕艺术的嘉奖,也激发了中国木雕艺术者的创作热情。值得一提的还有孙家钵先生,他在进行人物雕刻时广泛吸取了各种优秀艺术元素,比如将西方的抽象主义与写实主义相结合,同时继承了汉代木雕简明、大气的艺术风格,生动传神地将人物形象刻画出来,逐渐探索出一条与众不同的木雕艺术创作之路。孙家钵先生除了借鉴汉代时期木雕创作的艺术风格,还十分注重木材本身的朴实之美,这使得其作品展现了极强的形体张力。除此之外,孙家钵先生在创作过程中也不忘利用现代文明的优秀成果,将链锯、斧头和木雕刀等雕刻工具结合起来,使作品既呈现出传统艺术创作的原始特点,又添加了浓重的现代气息,也使得木质材料获得了更多的表现形式。刘焕章先生在木雕创作中也有不同的特点,比如

1989年创作的《女人体》主题鲜明，内容饱满。他创作时十分注重"依形造势"，即利用木材本身的材质、纹理、形状和走势等特点来进行雕刻，作品呈现出自然和谐之美，体现了东方古典艺术的魅力，令观赏者赞不绝口。

随着时代的发展，木雕艺术逐渐走进大众的视野，引起了人们的广泛关注。木雕艺术作为一种传统文化，需要我们去继承和发展。2022年，蕉城木雕被列入"福建省第七批省级非物质文化遗产代表性项目名录"；与此同时，刘氏木雕、觉囊木刻技艺、德格麦宿木雕技艺也被列入四川"省级非物质文化遗产代表性项目保护单位名单"。

随着全球化的深入，国内的木雕行业逐渐与国际加强了艺术交流与合作，一些机构还在惠安、东阳等地举办了大型的国际性雕刻大赛，其中就包括以木雕为主题的雕刻大赛。大赛成功地激起了人们创作的积极性，激活了我国现代木雕行业。中外的频繁交流使得艺术作品融入了国外的新观念和新形式，木雕的艺术语言也越来越丰富多样。国内艺术家不断借鉴国外艺术领域的优秀元素和创作形式，这不仅拓展了他们的创作思维，而且使他们跳出原有的认知模式，以全新的视角去审视木质材料。一些雕塑家开始探索我国的木雕艺术，在深入反思的同时汲取国外的创作观念和形式。他们并不是简单地模仿，而是立足我国木雕的发展实际和需求，在借鉴的基础上更多地体现时代特点和民族特色。对此，湖北美院的雕塑家傅中望是这样理解的："就我个人来看，利用中国传统文化资源进行创作最有可能进入世界和国际交流对话，这是一种认知和策略问题。因为一味地模仿和挪用其他民族文化，就很可能丧失自身的价值。把本民族的文化发扬光大并赋予它当代意义，通过这样一种方式，艺术家才能获得某种价值认同和国际交流身份，当然这需要智慧。"[①] 在木雕作品《榫卯结构》系列中，他采用了"中国古代建筑"式的手法对木块进行"重组"，通过主观的改造，作品的装置形式得到体现。这种采用现代艺术手段的搭建形式不仅显示出作品的现代意味，同时也带有浓厚的传统气息。

总之，雕塑家们开始运用现代创作理念和形式去探索自己的木雕艺术之路。在中国现代木雕艺术领域，如何在传统木雕艺术的基础上，找到既满足现代审美

---

① 银小宾，徐盛. 当代美术家专访——傅中望访谈录[J]. 湖北美术学院学报，2010（2）：33-36.

需求，又具有中华民族特色的艺术发展道路，成为艺术界关注的焦点。对于木雕艺术而言，我们需要平衡近代与现代之间的关系，深入探索如何保留传统工艺精髓的同时，融合现代观念和审美标准的方法，只有将两者完美地结合起来，木雕艺术才会焕发新的生机活力。

第二节　建筑装饰木雕的题材

中国传统民居建筑木雕的装饰题材丰富多样，以木头为媒介，融入人们的审美思想和道德期望，并以装饰纹饰的形式来展现。在传统的建筑木雕中，以儒家思想为题材的木雕建筑往往发挥着教化作用。

在中国传统文化中，忠孝节义被视为核心价值观，也是常见的木雕题材。这类题材的木雕通常刻画了一些历史上的英雄形象，他们具有忠诚、勇敢和不怕牺牲的精神，成为后人学习和崇拜的对象。例如，岳飞是中国历史上著名的忠臣，他在保卫国家和民族利益时壮烈牺牲，成为忠臣的代表之一；文天祥也是中国历史上的著名忠臣，深受人们尊敬和爱戴，因而经常会在木雕上看到他们的身影。

在中国传统的建筑装饰木雕中，赞颂生活也是常见的木雕题材。不过，赞颂生活所包含的内容丰富多样，首先是家庭团聚题材，这类木雕作品常常展现了家庭成员团聚的场景，表现了家庭温馨和睦的氛围，这些作品通过生动的形象和细腻的表现手法，传达了中国人对家庭和谐、团聚的重视，体现了家庭在中国传统文化中的重要地位。其次是孝敬父母的题材。在中国传统文化中，孝道被视为尊重和关爱父母的重要表现形式，这类木雕常常刻画子女孝敬父母的场景，表现了孝道精神的崇高和可贵。这类作品通过细腻的雕刻和生动的表现，传递了孝顺父母的美德和家庭和睦的重要性。此外，婚姻幸福也是赞颂生活类的题材。木雕作品常常描绘夫妻恩爱、婚姻幸福的画面，展现了家庭和睦、夫妻相亲相爱的美好场景。这类作品通过细腻的雕刻，传达了中国人对婚姻幸福的向往和珍视。

此外，祈福纳祥也是人们所期许的愿景，这在中国传统的建筑装饰木雕中多有体现，例如，神话传说中的神仙形象就是祈福纳祥常见的题材之一。木雕作品常常刻画了神话传说中的神仙形象，如观音、财神等，这些作品既具有艺术价值，又寄托了人们祈求神仙保佑的美好愿望。吉祥物也是祈福纳祥常见的题材之一，这类作品常常刻画了各类吉祥物形象，寄托了人们对吉祥如意的祈望。此外，珍禽瑞兽和祥花瑞草也是祈福纳祥常见的题材之一。这类木雕作品常常刻画珍禽瑞兽和祥花瑞草的形象，如孔雀、鹤、牡丹、荷花等，寄托了人们对幸福安康的追求。

除此之外，在中国历史上，有很多脍炙人口的名著，这些都是老百姓耳熟能详的。在木雕艺术中，这些题材也是创作的重点，是传承中国传统文化的主要方式之一，如《三国演义》《水浒传》《西游记》《封神演义》等历史名著中的人物关羽、张飞等英雄好汉经常被刻画出来。

第三节　木雕的图案种类与寓意

传统民居装饰木雕的内容丰富多彩，图案的种类更是数不胜数，且每种图案都蕴含着美好寓意。在传统木雕中，龙和凤的形象是人们最喜欢的题材，而人物类图案则是应用最广泛的题材。传统木雕在内容选择和制作手法上都充满了浓重的生活气息，在风格上各具特色，造型更是变化多端，有的朴实大方，有的气势磅礴。

一、木雕的图案种类

我们可以将上述木雕常见题材大致归纳为下述几个种类：人物、动物、植物、器物、几何纹、字符纹、风景等，以便于读者学习和理解。

第一，人物是木雕常见的图案种类之一。人物木雕作品通常刻画了历史人物、神话传说中的人物、民间传说中的英雄、现代人物等。比较常见的有八仙、牛郎织女、福禄寿三星、刘海、济公、麻姑、和合二仙、岳飞、武松、林冲、刘备、关羽、张飞、穆桂英、郭子仪、升平公主、梁山伯与祝英台、农夫、渔民、织女、童子等。

第二，动物也是木雕常见的图案种类之一。动物木雕作品通常包括凤、仙鹤、喜鹊、鸳鸯、锦鸡、龙、麒麟、狮子、鹿、象、马、虎、牛、狗、鱼、虫、蝙蝠、蟾蜍、蜘蛛、鼠、蝉等。这类作品通过细致的雕刻和自然的表现，再现了动物的形象特征和生命力，充分展示了艺术家对动物的热爱和敬畏。

第三，植物也是木雕常见的图案种类之一。植物木雕作品通常刻画了松柏、花卉、瓜果、葫芦、松、竹、梅、兰、菊等，展现了人与自然和谐相处的美好景象。

第四，器物也是木雕常见的题材之一。器物木雕作品通常刻画了瓶、壶、炉、案、几、椅、凳、文房四宝、佛八宝、道八宝等，展现了中国人对历史文化和生活方式的思考。

第五，几何纹、字符纹和风景也是木雕常见的题材之一。几何纹通常包括六角、八角、圆、回纹等；字符纹多是指汉字、文字、符号等；风景木雕作品通常刻画了山水、景观、建筑等。这些作品通过精湛的雕刻技艺和细致的表现手法，展现了中国人对文化、自然和美的追求。

二、木雕的吉祥寓意

在很多古建筑雕塑中，人们不仅重视人和物的外在形象，更加注重图案背后的寓意。因此，人们常运用象征和比拟的创作手法，借助具有一定象征意义的动植物以及器物，通过巧妙的排列组合，将象征意义完美地展现出来。因为图案种类太过丰富，无法在此一一介绍，现将常见形象及其象征的寓意列举出来，以便读者领略中华文化的博大精深。

龙，作为中华民族的图腾，象征着祥瑞、权力与威信，在人们心中有着至高无上的地位，也是封建帝王的象征。寺庙、宫殿等建筑物的屋脊、门头、门脸、梁枋上常雕刻有龙头、龙身、龙爪俱全的龙，还有龙头卷草身、龙头回纹身的草龙和拐子龙。龙的形象基本特点有"九似"，但是具体像哪种动物是存在争议的。宋代画家董羽认为龙"角似鹿、头似牛、眼似虾、嘴似驴、腹似蛇、鳞似鱼、足似凤、须似人、耳似象"[1]。

玄武，与青龙、朱雀、白虎并列为四神兽，具有神圣与长寿的象征意义。古人一直将玄武视为吉祥的象征，玄武被视为至高无上的神圣之物，玄武图案也成为一种吉祥的图案。殷商时期，人们将玄武图案铸在青铜器上。相传，大禹时期，洛河中浮出玄武，背驮"洛书"，献给大禹。大禹依此治水成功，遂划分天下为九州。又依此制定九章大法，治理社会，可见龟这一形象自古就被人们所重视。

---

[1] 汪贤俊.闽画故实：八闽绘画里的中国故事[M].武汉：武汉大学出版社，2022.

鱼，自南北朝以后，鱼类图像就较多地出现在建筑构件和居室装饰中。鱼的谐音"余"是人之所盼，有丰裕、爱情、自由、传信等寓意。

佛八宝，有法螺、法轮、宝伞、白盖、莲花、宝瓶、金鱼、盘长八种，各个宝物有不同的象征。法螺表示佛音吉祥，遍及世界，是好运常在的象征。法轮表示佛法圆轮，代代相传，是生命不息的象征。宝伞表示覆盖一切，开闭自如，是保护众生的象征。白盖表示遮覆世界，净化宇宙，是解脱贫病的象征。莲花表示神圣纯洁，一尘不染，是拒绝污染的象征。宝瓶表示福智圆满，毫无漏洞，是取得成功的象征。金鱼表示活泼健康，充满活力，是趋吉避邪的象征。盘长表示回贯一切，永无穷尽，是长命百岁的象征。清代乾隆时期又将这八种纹饰制成立体造型的陈设品，常与寺庙中的供器一起陈放。

道八宝，也称暗八仙，以道教中八仙各自所持之物代表各位神仙。芭蕉扇代表汉钟离，宝剑代表吕洞宾，葫芦和拐杖代表铁拐李，玉板代表曹国舅，花篮代表蓝采和，渔鼓（或道情筒和拂尘）代表张果老，洞箫代表韩湘子，荷花代表何仙姑。暗八仙纹始盛于清康熙年间，流行于整个清代。

鹿鹤，是长寿的象征。鹿鹤谐音"六合"，民间运用谐音的手法，以"鹿"取"六"之音；"鹤"取"合"之音。"鹿鹤同春"是古代寓意美好的一种纹样，又名"六合同春"，有天下皆春，万物欣欣向荣之意。"春"的意象则选取花卉、松树、椿树等来表现。将这些形象组合起来构成"六合同春"吉祥图案。

卷草，是外来纹样与中国传统植物纹样相结合而产生的一种程式化纹样，常作为带状边饰之用。

如意，原本为挠痒工具，后来其顶端多刻有心字、云纹、灵芝等形状。如意纹，是一种寓意吉祥的图案，借喻"称心""如意"，与"瓶""戟""磬""牡丹"等组合，形成中国民间广为应用的"平安如意""吉庆如意""富贵如意"等吉祥图案。

梅、兰、竹、菊是中国传统艺术中常用的题材，被人们称为"四君子"，分别指梅花、兰花、竹子、菊花，是高洁的人物品质的象征。梅、兰、竹、菊分别代表着傲、幽、坚、淡的品质。"四君子"是中国人借物喻志的象征，也是咏物诗文和文人字画中常见的题材。由于人们对这种美好品格的向往和追求，使得梅、兰、竹、菊成为寓意美好的文化载体。

在古人眼中，见到喜鹊意味着有喜事发生。喜鹊象征着喜，很多历史典籍中都有过相关的记录，比如《开元天宝遗事》中就提到了"时人之家，闻鹊声皆以为喜兆，故谓喜鹊报喜"，《禽经》中也有"灵鹊兆喜"的内容。由此可见，"喜上眉梢"一词是有迹可循的，尤其是唐宋时期，人们认为"眉"是"梅"的谐音，人们看到喜鹊在梅花枝头叽叽喳喳，就自然而然地联想到"喜上眉（梅）梢"，由此各种图案也就被创作出来，于是逐渐在民间形成了风俗。

太师少师，是中国传统寓意纹样，在建筑上较为常见。狮子有瑞兽之誉，在中国的文化中，有"龙生九子，狮居第五"[①]的传说。一大一小两只狮子，谐称"太师少师"或"太师少保"。而太师少师、太师少保均为古代官名，古三公中位最尊者为"太师"，是西周就有的官称。"少师"与"少傅""少保"合称"三少"。少师是春秋时期楚国设立的职位。"狮"与"师"同音，以"太师少师"为高位的象征，而借音借意以狮为师有官运亨通的意思，一大一小的狮子还表示望子成龙之意。人们借用谐音，用一大一小两头狮子组成太师少师图。一般狮子滚绣球分立门两边。一些抱鼓石上会雕有太师少师，这些图案多为大狮身上站一只小狮子，或一大一小两头狮子在戏耍，此图案寓意去灾祈福、子孙繁盛、财源滚滚。狮子还是佛教中的护法兽。宫殿寺庙前一般有一对独立的石狮，在普通住宅大门前，狮子常被雕刻在抱鼓石、拴马石等构件上。传说释迦牟尼诞生时，一手指天，一手指地，作狮子吼："天上地下，唯我独尊。"[②]自此狮子形象被逐渐神化，人们认为狮子能避邪护法，狮子从而成为佛法威力的象征。人们认为它可镇百兽的思想始于东汉，此后历代帝王陵墓均沿用石狮子护陵，以辟邪镇墓。

五福临门，通常由五只蝙蝠组合构成图案。因"蝠"与"福"谐音，所以蝙蝠在我国传统文化中被视为吉祥的动物。常见形式为中心一只蝙蝠，四周各一只，形成主次分明、相互呼应的效果。中心位置可以用"福"字来表示。五福的含义：第一福代表"长寿"，第二福代表"富贵"，第三福代表"康宁"，第四福代表"好德"，第五福代表"善终"，这五福简称"寿富康德善"。因此，雕刻纹样出现蝙蝠数量为五，象征五福毕至。

岁寒三友，指梅、松、竹。宋林景熙《王云梅舍记》中载："即其居累土为山，

---

① 蔡鸿生.蔡鸿生史学文编[M].广州：广东人民出版社，2014.
② 曹林娣.苏州园林匾额楹联鉴赏[M].北京：华夏出版社，2019.

种梅百本，与乔松修篁为岁寒友。"对这三种植物品节的歌颂自古有之。梅、松、竹傲骨迎风，挺霜而立，由冰清玉洁的梅花、常青不老的松树、有君子之风的竹子组成，寓指梅、松、竹经冬不衰，因此有"岁寒三友"之称。

鲤跃龙门，传说大禹治水，力劈大山，使黄河之水猛然跌落绝壁形成瀑布。黄河鲤鱼被冲下悬崖，再也无法返回上游。之后玉帝下令，凡有鱼跃过悬崖，可化为飞龙。于是，无数鲤鱼聚在瀑布下，偶有一跃而过者，立刻化为飞龙。于是鲤跃龙门比喻中举、升官等飞黄腾达之事，也比喻逆流前进，奋发向上。

文字，常见于瓦当、门楣上，多为宫室名称、吉祥用语等，如"福禄寿喜"等。

第四节 不同建筑部位常用的雕刻方法

一、梁架

梁架，通常又被称为梁枋，是建筑中的横跨构件，安装在立柱之上，支撑着上层结构和屋顶的整体重量。在房屋建筑中，人们通常会对梁架进行雕刻和漆绘，一方面可以增加建筑部件的美感，另一方面也是主人身份和地位的象征。由于梁架本身粗大笨重，人们通过装饰，可以减少梁架带来的压迫感，凸显房屋温暖舒适的特点。梁架的截面呈现出不同的形状，除了矩形，还有圆形和方形，因此人们常选择两端或者中间部分进行雕饰。一般情况下，木雕艺人在梁架装饰时会选择浮雕和线雕技法，刻线时需要准确无误，刀法应当简练有力，这对于木雕艺人来说是一项严峻的考验。如果梁架要进行简单的雕刻，那么木雕艺人可以选择雕刻龙须纹、波浪纹或植物花卉等，只需沿着梁架两端的曲线刻画出一或两道曲线刻纹即可。月梁是由经过加工的平直木材制成，形状弯曲如一抹残月。此外，有些木雕艺人为了增加梁的承重性和美感，将月梁中央和两侧进行折线处理，也产生了不错的艺术效果。

猫梁起着稳固瓜柱的作用，因形似直立的猫而得名。其形状卷曲，形态怪异而夸张；有头有尾，线条流畅，富有很强的韵律和装饰性，多采用浮雕和线雕手法。

二、枋

枋是连接房屋柱子与梁的建筑构件，起到稳固与安全的作用，同时兼有承重功能，分为额枋、脊枋、金枋、随梁枋等多种样式。在明清时期，跨空枋常用于柱子之间的稳固联结，除此之外，人们还广泛使用天花枋、承檐枋、关门枋等。额枋是一种横向联结构件，用来连接建筑物的檐柱柱头部分，分为大额枋和小额枋。此外，两额枋间需要安装额垫板等构件。就额枋构件来说，其装饰一般采用浮雕、镂空雕、线刻等技法。花板作为雕饰木板，通常安装在梁下、屋檐下或梁枋之间，起到良好的装饰和美化作用。其雕刻方法融合了浮雕、透雕、线雕等多种技法。

三、檩

檩是与梁架正交，两端搭于梁柱上且沿建筑面阔方向的水平构件，一般为圆形截面，属于古建筑中小式建筑的大木构件。檩也叫檩条、檩木，对屋面椽子具有很好的固定和承载作用，同时能将椽子等的重量传递给梁柱。在古代，檩在带有斗拱结构的木建筑中，常被叫作桁，虽然名字不同，但是功能一样。一般情况下，脊檩不需要特别的装饰，只有一些大型建筑会选择对称地雕刻一些花鸟。檐檩面积狭小，适合雕刻一些花、草、虫和一些具有吉祥寓意的符号。

四、柱

柱在建筑中起着十分关键的作用，承载着房屋上部全部构件的重量，从而将来自屋顶的力传递到地面。出于安全和稳固的考虑，人们不注重柱的装饰。如果涉及简单的装饰，人们通常采用"收分"或"卷刹"的方式，即不断缩小立柱的上端直至其形成覆盆状。明清时期，有人将柱子的两端进行了收分处理，形似梭手，"梭柱"由此得名。除此之外，还有垂柱，顾名思义，柱子悬在半空中，俗称"垂花柱"。垂花柱的前身是外檐柱，后来演变为纯装饰性构件。垂柱被称为"垂花柱"是因为下端多雕饰有各种花果、枝叶、几何造型等，柱头有圆形、方中带圆形、四面体、六面体、八面体等。垂花柱雕刻的图案千姿百态，多采用花鸟纹饰、宫灯形、花篮形，还有莲花座等图案。清代则常采用人物、仙道图案雕刻。皇家建筑中的垂花柱上主要雕刻祥龙。有些建筑中的垂花头还被雕刻成丛花、花篮或走马灯形式，不仅雕刻精细，还饰以色彩。

五、栏杆

在宋代，栏杆又叫勾栏或钩阑，是一种实用性很强的建筑构件，具有围护拦挡的功能。栏杆有"栏"和"杆"之分，一般来说，横着的是栏，竖着的是杆。栏杆的基本结构是栏杆柱子之间以横木连接，上面的横木叫寻杖，下面的横木叫地栿，中间的部分是栏板。按照安装位置，栏杆分为普通栏杆和朝天栏杆，前者常用于回廊、戏台、亭子中，后者则常用于建筑屋面边缘。按照样式，栏杆有栏板式栏杆、镂空花栏杆两种，人们主要对栏板部分进行装饰，实心的木板、棂条花格，以及两者相结合都是不错的选择。对于实心栏板，木雕艺人常采用浮雕技法，多雕刻祥云瑞兽、花鸟鱼虫、吉祥符号等内容；棂条花格结合了浮雕和透雕的技法，有多种样式，比如拐子龙、卍字、亚字、井字、盘长等。带靠背的栏杆称鹅颈椅，它在古代主要供闺房中女子凭栏休憩之用，故又称"美人靠"。

六、挂落

挂落是中国传统建筑中的一种构件，位于额枋下面。通常先对雕花板或镂空的木格进行雕刻，随后对其进行拼组，或者使用若干个细小的木条进行搭接，既有美观的装饰效果，又起到划分室内空间的作用。在房屋建筑中，挂落常被视为装饰的重点，除了采用透雕技法，还会进行彩绘处理。站在外面看，建筑外廊中的挂落和栏杆一般处于同一层次，加上纹样的相似性，产生了很好的映衬效果。站在建筑内部往外看，屋檐、地面和廊柱构成了一个立体框架，挂落则起到了很好的装饰作用，使建筑上部不再单调沉闷，具有鲜明的层次感，凸显了木雕工艺的魅力。在室内的挂落叫作挂落飞罩，但不等同于飞罩，挂落飞罩与挂落很接近，只是与柱相连的两端稍向下垂；而飞罩的两端下垂更低，使两柱门形成拱门状。

七、楣子

楣子是用于游廊建筑外侧或游廊柱间上部的一种装修，主要起装饰作用。其常见的雕刻方法是透空木雕，这样雕刻可以使建筑立面层次更为丰富。其主要类型有倒挂楣子和坐凳楣子。倒挂楣子安装于檐枋下，楣子下面两端须加透雕的花牙子。坐凳楣子安装于靠近地面部位，楣子上加坐凳板，供人小坐休憩。楣子棂条组成不同的花格图案，常见的有步步锦、灯笼框、冰裂纹等。

八、柁墩

柁墩是指两层梁枋之间用于垫托的木构件，最初是一块扁平的方形垫木，之后经过加工成为梁上雕刻的主要部位之一，这个部位多采用浮雕和线雕的雕刻方法。墩的样式基本上以矩形为主，有的将柁墩做成盆状，装饰图案也基本一致，大部分都是以一个硕大的荷叶为支撑，两边配以盛开或半开的荷花。当然，也有全是荷叶不配荷花的。古人不放过任何一个可以装饰的细节，连小小的柁墩也要装饰，其上有卷草形、荷叶形、元宝形、平盘斗形图案，以及人物、狮、象等造型，主要采用浮雕的表现手法。

九、斗拱

斗拱是传统建筑中以榫卯结构交错叠加而成的承托构件，宋代称铺作，清代称科，南方又称牌科。斗拱由方形的斗、矩形的拱、斜的昂和横向的枋组成。它体现了传统建筑的风格，是中国建筑艺术特征的重要组成部分，同时也是等级制度的象征和重要建筑的尺度衡量标准。随着时代的发展，斗拱的造型和功能也发生了变化。尤其是明清时期，斗拱只作为装饰构件而存在，造型更加繁杂，龙头、凤首、象鼻等形象比较常见，此外，雕刻还融合了半圆雕、镂空雕以及彩绘等技法。山陕甘会馆位于河南开封，其大殿屋角的斗拱造型就十分鲜明，昂嘴被雕刻成张口龙头的形状，龙眼如卷云一般，鼻子向上微翘，造型简约大气，又不失韵味。

十、雀替

雀替是用来支撑梁枋的木制构件，通常安装在梁或者阑额与柱的交接处。它可以减少梁枋的净跨距，有时安装在各柱之间的挂落下面，也可以只用于装饰。另外，雀替对提高梁头的抗剪能力以及减少梁枋间的跨距起着十分重要的作用。不同时期雀替的名称也有所不同，比如宋代人们称其为"角替"。自明清开始，人们逐渐关注雀替的装饰效果，雀替的雕刻题材十分广泛，龙、凤、仙鹤、花鸟、花篮、金蟾等形象比较常见，此外雕刻技法也多种多样，比如圆雕、浮雕、透雕等。从明代开始雕刻云纹、卷草纹等，清代中期以后，有些雀替还雕刻有龙、禽之类的动物纹。大体上，雀替的形式可归纳为大雀替、龙门雀替、雀替、小雀替、通雀替、骑马雀替和花牙子雀替七大类。

雀替的里外两面都有雕饰，雕刻方法不一，多是浅浮雕、深浮雕及局部的镂空雕。例如浙江兰溪诸葛镇长乐村丞相祠堂檐口雀替，以神话传说《封神榜》为题材，采用半圆雕工艺。

十一、撑拱

撑拱又叫托座、牛腿，安装于檐柱外侧，对挑檐枋起斜向支撑的作用。原始的撑拱其实是一根斜木杆，功能类似于斗拱，下端支撑在立柱上，上端支撑起屋檐。随着时间的推移，撑拱的形状也发生了改变，逐渐演变成了曲线形状，并配以卷草、枝叶等雕刻纹样。明代撑拱面积增加，为雕刻装饰保留了充足的展示空间，使得撑拱每一处都十分精美。其雕刻主题和内容十分广泛，涵盖了人物、动物、植物、文房四宝、博古云纹等。雕刻技法包含了半圆雕、镂空雕、浮雕等，技术精湛。随着人们对其形式和细节的不懈追求，撑拱逐渐失去了原本的支撑作用，而被视为单纯的装饰构件。在浙江东阳、安徽皖南地区，撑拱常用人物和狮子的形象加以雕饰，雕刻细致入微，工艺令人惊叹。

十二、槅扇

槅扇，常指槅扇门，槅扇由槅心、绦环板、裙板等几个部分组成。槅心是一块独立的木板，也是槅扇门的主要装饰部分，位于槅扇门的上部，是槅扇门中最具艺术性的部分。其上雕饰花纹或者图案，多采用浮雕、线雕、镂空雕等雕刻方法，还会刻画出人物、动物、植物、房舍、宝器等画面。镂空的槅心，最晚出现于汉代，在宋代定型。明清时期的槅心图案达40多种，如井字、柳条等。槅心雕刻多以几何纹为基底图形，使槅心既美观又具有装饰效果。紫禁城内诸多主要宫殿的槅扇门窗，其槅心部分皆是由菱花组成。这是一种由两根或三根木棂条相交，并在相交处附加花瓣而呈放射状的菱花图案。二棂相交者称"双交四椀菱花"。三棂相交者称"三交六椀菱花"。此外，"三交满天星六椀艾叶菱花""双交四椀橄榄球纹菱花"等也为常用的装饰图案。绦环板上的装饰内容多为山水风景和花草树木。宋式建筑称绦环板为"腰华板"，与槅心形成鲜明的艺术对比。绦环板在民居建筑装饰中处于突出的地位，其装饰图案以卷草纹、龙纹和几何图案为多。明清时期的裙板表面多雕刻或彩绘如意纹、夔龙、团龙、套环、寿字等纹样，宫殿建筑则贴金彩画。裙板因为低于正常视线水平，所以有的做雕饰，有的不做雕饰。

十三、窗

窗和门一样，也是民居建筑中的一个重要组成部分。透雕和浮雕是木窗雕刻常用的方法，工匠们会运用各种雕刻工具，如雕刻刀、锉刀和刻刀，将木材表面雕刻出各种图案和花纹。

窗子的形式也是非常多样。按照不同的分类标准，窗子也有不同的名称，比如：按照安装位置，窗子有槛窗和风窗之分；按照窗槅心的样式，又有步步锦窗、直方格窗、灯笼锦窗、菱花窗等类型；按照打开方式，窗子又分为支摘窗、推窗、吊搭窗、推拉窗等。形制较高级的槛窗在颜色和棂格花纹等方面与槅扇门有相似之处，凸显了建筑物严谨与规整的特点。南方民居建筑更喜欢采用槛窗设计，而山西民居建筑中这种设计不太常见。

十四、大门

大门的装饰指的是门楼装饰，能体现整个宅院或古建筑群的格局与等级。想了解门楼装饰，要先从木雕挂落入手，雕花门楼综合了浮雕、透雕、立体雕和垂花雕等技法。雕刻的内容大多是连续的几何图形和藤蔓植物，加上珍禽瑞兽和花卉祥云的映衬，从整体上凸显了装饰的丰富多彩。尤其是院墙大门的装饰，主人在木雕的设计和雕刻上花费了大量的时间和精力，足以彰显主人的审美价值取向。

门的顶部有作为板门或槅扇门附属木构件的门簪，早期的作用是固定和连接，而晚期更多用以点缀。汉代建筑始见门簪，当时一般为二至三枚，多为方形；唐至元代，"门簪"数量与汉代相同，增加了菱形和长方形做法并在正面刻有图案；明清时期则通用八角门或六角门，常有花卉形状的装饰。门有方形、圆形、六角形、八角形、多瓣形等样式，以图案、文字或图文结合做装饰。图案常见四季花卉，文字常见"吉祥""如意""福禄""寿德"等，体现了人们对生活的美好希冀。

第二章　明清时期东阳建筑木雕装饰艺术

明清时期是中国建筑史上的璀璨时代，东阳作为著名的建筑之乡，其木雕装饰艺术在明清时期达到了巅峰。东阳建筑木雕装饰艺术是中国传统建筑艺术中的珍贵遗产，展现了当时建筑艺术的独特风貌和精湛工艺水平，对中国古代建筑文化的传承和发展起到了重要作用。本章为明清时期东阳建筑木雕装饰艺术，主要介绍了四个方面的内容，依次是东阳建筑木雕装饰的形成发展、明清时期东阳建筑木雕装饰比较、明清时期东阳建筑木雕装饰文化、明清时期东阳木雕装饰图案。

第一节　东阳建筑木雕装饰的形成发展

中国木雕的历史可追溯到新石器时代的河姆渡文化遗址出土的刻花木桨、剑鞘，圆雕的木鱼，而河姆渡遗址位于浙江省宁波市余姚市河姆渡镇河姆渡村的东北方位，与东阳相距并不远，由此可推断出东阳木雕最早出现的时间。

中国有"四大木雕"——东阳木雕、黄杨木雕、潮州木雕（金漆木雕）、龙眼木雕，东阳木雕为中国"四大木雕"之首。东阳木雕艺术性强，以浮雕技艺为主，设计上采取散点透视、鸟瞰式透视等构图，布局丰满，散而不松，多而不乱，层次分明，主题突出，故事性强，在明清时期都是依附建筑存在，是典型的建筑木雕，因而深受收藏家喜爱。2002年，东阳市被中国轻工业联合会、中国工艺美术协会命名为"中国木雕之乡"；2009年，又被中国工艺美术协会命名为"中国木雕之都"；2013年9月，经世界手工艺理事会及各洲国家评审专家的考评，授予东阳"世界木雕之都"的荣誉。

东阳木雕的发展历史可以追溯到商周时期，从唐代发端，经过宋朝的不断发展，于明清时期达到顶峰。据历史典籍记录，唐朝太和年间，东阳冯高楼村居住着冯氏兄弟，他们都曾在朝廷任职，家世显赫，财富颇丰。相传他们的住宅十分宏伟壮观，木雕装饰细致精美，工艺令人赞叹。"高楼画栏照耀人目，其下步廊几半里"，都不足以形容其建筑之华丽精美。可见，东阳木雕在唐朝时期已经开始发展。

宋代以前的木雕无实物可以考查。1963年4月24日，东阳县城南郊始建于五代越国时期的南寺塔倒塌，从中发现的一尊善财童子佛像和一尊残损的观音菩萨像，距今已有1000多年的历史，是迄今为止发现最早的东阳木雕。整件作品用三棱形的枫木镂空制成，童子双耳垂肩，双手合十，神态怡然，衣袂翩翩。早在1000年前，东阳木雕就能够在如此小的木料上精雕细刻，刻画出人物的神情风貌，反映出东阳木雕在宋代已经有了相当高的艺术水平。南宋绍兴二十六年（1156）建筑的东阳黄门晖映楼，1230年重建，在东阳乡贤陈樵的《晖映楼赋》中就有"飞阁中起，虹采相宜，则有群书漆版，汗简华缄""琢桂为户，文锦楣兮，名翠引翼，翠螭腾兮"等句，都可窥见东阳木雕装饰的特色。

唐宋元明时期，我国文学艺术和手工业都获得了极大的发展，尤其是唐诗、宋词和元曲在民间广为流传，这得益于印刷技术的进步，尤其是雕版印刷术。东阳木雕艺人顺应历史的发展，将雕刻技术广泛应用于印染和印刷业，逐渐形成了一支以刻板印书为主的制版队伍。

明代盛行雕刻木版印书后，东阳逐渐成为明代木雕工艺的著名产地，主要制作罗汉、佛像及宫殿、寺庙、园林、住宅等建筑装饰。当时婺州书画界或文学界，如徐良甫、徐原父、王伯姬、宋濂、宋琏等都对雕刻木版有过记载。徐良甫还曾是桃花坞木刻年画著名的刻版工，可惜当时的刻版都不会标注个人名字，而是只标注店铺名。这时东阳建筑木雕形成了装饰完整的手法和风格。卢宅"肃雍堂""都宪"木牌坊、郭宅"永贞堂"、寿塔头方氏宗祠前旌节坊的东阳木雕装饰都很具代表性。

至清代康熙、雍正、乾隆年间，东阳木雕已闻名全国，在选材、工艺、题材、艺术风格等方面都已发展成熟，形成了一套完整的工艺体系。其画面构思摆脱了模式复制倾向，注重对生活与大自然的观察揣摩，品类有建筑装饰和家具陈设。

嘉庆、道光年间，东阳木雕进入了鼎盛时期。数百名木雕艺人来到京城从事皇宫雕饰。作品风格形式由简朴向繁华、由粗犷向精细转变，并借鉴绘画和其他姐妹艺术的长处，丰富题材内容，改进雕刻技艺，出现了着意模拟绘画笔意、讲究作品诗情画意的"画工体"木雕流派。这一风格受李渔《芥子园画谱》的影响颇大。在民间出现了大兴木雕嫁妆之风，"十里红妆"随处可见。

清末，木雕艺人流向城市，从上门加工转向工场生产。辛亥革命后，东阳木雕艺人制作出很多用于买卖的木雕工艺品和木制家具，这些商品远销香港甚至国外各地，久而久之东阳木雕逐渐发展起来，在国内外都享有盛誉。1914年，杭州出现了东阳木雕最早的工厂——"仁艺厂"，随着经济的发展，东阳木雕逐渐向上海、香港等地辐射。1922年，"仁艺厂"木雕技艺比赛，评选杜云松为"皇帝"，刘明火为"状元"，楼水明为"榜眼"，黄紫金为"宰相"。据有关文献记载，1922年左右，上海共开设了30余家东阳木雕作坊和店铺，木雕艺人数量达400余人。抗日战争时期，东阳木雕遭到破坏，木雕艺术停滞不前。

中华人民共和国成立后，以木雕集团及其前身木雕总厂为代表的东阳木雕企业及从业者，创作了大量的优秀作品，并参加了全国和世界性展出，曾先后选派数十名木雕艺人到日本、蒙古、加拿大、阿尔巴尼亚等国进行木雕技艺表演和传授。北京人民大会堂、钓鱼台国宾馆、中南海西花厅、中国驻蒙古、苏联、阿尔巴尼亚的大使馆，华人投资经营的饭店、宾馆等数百项著名工程，都留下了东阳木雕建筑装饰的杰作。

1997年7月，由陆光正大师设计、东阳木雕总厂制作的大型东阳木雕屏风《航归》，作为浙江省人民政府赠送给香港特别行政区成立的礼品，深受社会各界的一致好评。2009年初，江苏无锡灵山梵宫木雕装饰工程完工，领衔承接该工程的陆光正大师召集了十余位国家级和省级工艺美术大师成立了骨干创作团队，先后设计了11 000余张图纸，组织东阳市40余家雕刻企业的1600多位木雕技师，历经14个月完成。工程共用珍贵金丝楠木2400余立方米，花费数十万工时完成木雕构件之雕刻，无论体量、规模、规格，还是设计、雕刻乃至安装，无不创造了多个"东阳木雕之最"，成为东阳木雕有史以来最大的单体工程，实现了东阳木雕与传统佛学文化的完美结合，在木雕界和佛教界产生了巨大的影响。[1]2014年，东阳市承办了"世界工艺文化节"等大型活动。2016年，G20峰会在杭州成

---

[1] 人民网. 陆光正：木雕大师的"刀木春秋"[EB/OL]. (2015-03-26)[2023-12-20]. http://hongmu.people.com.cn/n/2015/0326/c392126-26755369-3.html.

功举办，东阳木雕、红木家具等在峰会主会场、接见厅、宴会厅、休息室等各主要场所进行木雕装潢装饰、摆放桌椅、作品陈列1270余件，受到广泛好评。陆光正大师还为G20杭州峰会主会场、贵宾厅等场所设计创作了主背景木雕和会场组雕《中华二十景》和《望海潮》，极大地扩大了东阳木雕等工艺美术的影响力。

在2023年9月的杭州亚运会开幕式欢迎宴会前的非物质文化遗产展上，何红兵大师创作的非遗作品东阳木雕——亚运吉祥物三件套"欢欣鼓舞""心心相融""旗开得胜"亮相，备受瞩目。

在传承与发展的同时，东阳也非常注重人才的培养。东阳技术学校、东阳市聋哑学校开办了木雕班。2008年，经教育部批准，浙江广厦建设职业技术学院创办了木雕设计与制作大专班，首届学生45名；2016年立项为浙江省高职高专"十三五"特色专业建设项目，采用讲座授课、技艺研讨、作品展评、言传身教、以师带徒等方式传授技艺，培养年轻的木雕艺人，为东阳木雕设计与制作人才的培养提供了保障。当地政府及行业协会支持木雕突破传统，不断创新，并给予专业技术职称等相应的地位，使木雕行业的人员结构趋于合理，初步形成了老、中、青木雕人才梯队，为东阳木雕代代相传提供人才保证，为东阳工艺美术事业的持续发展作出努力和贡献。

与此同时，国家也非常重视东阳木雕的发展，并采取了一系列的措施来保护和传承这一非物质文化遗产。在2023年11月发布的《2023—2025年国家级非物质文化遗产生产性保护示范基地》中，东阳市陆光正创作室名列其中。这一举措，将有助于创作室更好地发挥其在东阳木雕传承和发展中的作用，促进东阳木雕在国内外市场上的推广和发展。

第二节　明清时期东阳建筑木雕装饰比较

东阳木雕因产于浙江东阳而得名，与"青田石雕""黄杨木雕""瓯塑"并称"浙江三雕一塑"。这种雕刻艺术主要以平面浮雕为特色，北京、苏杭地区和安徽等地均保留了木雕装饰的实物。东阳木雕多采用多层次浮雕、散点透视构图，同时保留了平面装饰和木材的天然纹理和色泽，展现出独特的雕刻风格。东阳木雕展现出中国出色的民间工艺，"国之瑰宝"名副其实。尤其是明清时期，木雕艺术表现最为精湛，不仅具有鲜明的地域特色，而且综合了木雕、砖雕、石雕和彩绘中的众多优秀元素。从目前保留下来的木雕建筑来看，其艺术价值颇高，获得了国内外专家的高度赞美，称其为"具有国际水平的文化艺术遗产"。因距今时间不久，很多研究者都习惯性把"明清"两代作为一个历史时期来进行研究。这显然存在时间上的混淆，那么这两者之间到底有无区别呢？通过调研与比较，发现这两个时期还是存在较大的差异，如雕刻题材、雕刻技法、艺术风格等都有所不同，我们试图通过东阳境内及周边现存的建筑木雕个案，来探明明清两代东阳木雕的风格特点及异同。

一、明代木雕装饰风格

根据《东阳市志》等文献资料和前人的研究成果，对东阳明清建筑木雕遗存做了一个统计，从现存的明代建筑木雕可以看出，当时木雕以浅浮雕、深浮雕、镂空雕为主，造型粗犷、构图简洁、粗放大气、神形兼备，与明式家具相得益彰，形成相对简约的风格。历史记载，明代盛行雕刻木版印书，东阳逐渐成为明代木雕工艺的著名产地，以制作佛像、宫殿、民居建筑等出名。

（一）木雕装饰风格特点

1. 题材相对简单

明代初期以花草植物纹样图案为主，对纹样不断提炼、概括，较为抽象，人物极为少见。如在雀替上所雕花草，卷曲自然，深浅适度，表里分明。明代中期，月梁与雀替上的花草动物图案，由波纹形边框，双马、双羊加简单的卷草纹组成，阴刻龙须纹，约为梁长的1/5。明式建筑中的月梁与雀替，风格技艺比较简单，古朴大气，颇有汉唐风韵，主要以浮雕技法雕花草纹饰，与梁头下方的雀替相辅相成。撑拱是檐柱上斜木杆，上加横木，并置斗拱，在明代初期是木结构建筑中的承重构件。东阳地区因其外形而称为"牛腿"。牛腿基本上是采用当时最常见的壶嘴形、"S"形雕饰花草。明代中期，人们的审美观念不断改变，因此木雕的题材选择也发生了较大的变化，木雕作品更加注重装饰效果，同时人物、飞禽、走兽、博古、几何图案等形象大量出现。以卢宅肃雍堂为例，其中的木雕装饰精美绝伦，题材和内容丰富多彩，花鸟鱼虫、人物山水都清晰可见。尤其是捷报门楣上展示了"一品当朝，加官晋爵"的图案，以及琴枋上描绘的"渭水访贤"的故事，无不清晰地展示着历史题材的重要性，有一定的教育意义。明代物象造型较为粗犷，人物头部偏大，体态较胖。如浙江省武义县凡豫堂的窗格，上半部分都采用卍字纹镂空雕刻，下半部分由4块花块组成，中间大，两边小。槅心为"状元及第""荣归故里""鲤鱼跳龙门""马上封侯""马上有喜"等图案。题材大多反映平民向往富裕美好生活、家族兴旺发达、追求社会地位等愿望。

2. 技法过于单一

明嘉靖以前的建筑以抬梁式为主，或明间两缝取抬梁式，次、稍两缝为穿斗式；嘉靖年间后，住宅厅堂出现砖仿木结构梁架。明时柱子用异形柱较多，因用材不紧张，木材直径较大，可做梭柱、方柱，达到美化功能，减弱饰雕部位，与清代用材较小、加强雕刻的特点刚好相反，斗拱、梁架都起承重作用。因此明朝的雕刻技术比较简单死板，不重视雕刻技巧的运用，人们常采用某一种雕刻方法，比如浅浮雕、深浮雕、镂空雕、圆雕等，几种雕刻方法混用的情况较少，雕刻内容上缺乏重点，针对性不强，这也可能与材料、工具有较大的关系，当时多以当地产的樟木、枫木、白杨为原材料，材质固定，技法上创新较小。可以这样说，建筑木雕艺术其实是一种刀法艺术，技艺精湛的雕工运用不同的刀具和技法，创造出趣味和韵味各异的作品。刀法是木雕艺人的独特艺术语言，它依赖于实践经验的积累，但是受到材料和雕刻工具的制约，明代木雕在内容和形式上相对单一，例如梁头纹饰和雀替常采用浮雕技法，有些撑拱也选择浮雕手法，但由于位置较高，会对视觉效果产生影响。梁下龙纹深浮雕雀替，采用深浮雕与镂空雕相结合的雕刻技法，为典型的明代中后期的雕刻技法。

3. 风格简约粗犷

明代建筑用料粗犷，较为讲究。如建于明万历1583年的南塘张氏宗祠，规模宏大，气势磅礴，风格典雅，用料考究，工艺精湛，实属罕见。据传张太公梦见身束黄金甲、玛瑙衣的二位神灵来建造宗祠，梦醒之后，派儿孙进山采办木材，发现合抱奇木二株，一株是黄槿木，另一株是玛瑙梢，用此两木作擎梁大柱——神气内敛，灵气外发，雕饰相对较少，不结蛛网，不发霉，历久弥新。现在还有抱抱黄槿柱，大病小病除；围围玛瑙柱，大财小财储之说。

虽然木雕风格不像木雕作品那样具体、一目了然，但是东阳木雕呈现出"白木雕"的整体风格，注重实用性，以满足普通百姓的日常生活需求为主，追求简单素雅、平易近人的美感，反映出当地传统的耕读文化。明代木雕在"白木雕"的基础上分出"基础体""纹饰体"两种类型。明早期的木雕作品在风格上保留了唐、宋、元时期的特点，主要采用"基础体"木雕，在宋、元时期"尚意"思想的影响下，木雕作品在保留原有实物的基础上进行了简单装饰，并未大幅改变原有的建筑风格。明代中晚期，人们多采用"纹饰体"，具体来说，建筑装饰改变了实物的原有造型，更倾向于以各种花草祥瑞为主题，风格逐渐由写实转向写意，呈现出鲜明的层次感，注重细节，装饰范围逐渐扩大。

4.部件装饰"简""古"

明代的建筑部件都不同程度地以木雕进行修饰，技法单纯古朴。明代早期的梁多为扁状，以浅浮雕技法饰以花卉图案，与梁下雀替协调统一。明代中期后，梁从扁状向椭圆面的月梁发展。明代早期的撑拱重在实用，缺少美感，由木工制作而成，构件形状较为简单，就像壶瓶嘴，雕饰简单，有花草、松枝等图案。明代早期撑拱，体现的是承重功能。门窗基本上采用直棂条、方格、斜方格等较为规范化样式，修饰较少。

（二）典型建筑木雕遗存

1.紫薇山民居

紫薇山民居位于画水镇紫薇山村，建于万历年间，是明末兵部尚书许弘纲、父许文清、弟许弘纪和许弘纶的府第。其主要由尚书第、将军第、大夫第3条轴线组成，坐北朝南，尚书第轴线居中，大夫第轴线居左，将军第轴线（已毁）居右。现存建筑的梁、枋、檩及柱上饰以彩绘，淡雅清丽。主要建筑"诒燕堂"，三开间，通面阔13.75米，其中明间5米。[①]明间两缝采用平梁结构，次间三缝采用砖仿木结构。梁、檩、额枋均施彩画，前檐柱饰"S"形斜撑，琴枋与月梁连为一体，用整块木头制成。

---

① 知乎.隐匿的乡居宗祠——金华六县市国保建筑巡礼[EB/OL].(2022-08-10)[2023-12-20]. https://zhuanlan.zhihu.com/p/552394691.

2. 托塘张府厅

张府厅位于东阳城区托塘村，建于明天启至崇祯年间，是张国维的府第，也是张国维担任左佥都御史期间在老家给母亲八十诞辰祝寿而修造的房子，又称"九如堂"，取意《诗经·小雅·天保》松柏之茂中的"九如"。张国维官至兵部尚书，清兵入关，宁死不降，以身殉国。现残存正厅，三开间，九架前轩后廊。其为东阳城内留存较为完整的明末风格建筑，于清中期重修。

3. 蔡氏宗祠

位于磐安县梓誉村的蔡氏宗祠，始建于1420年前，1529年遭焚，明万历壬辰年（1592）再次落成。建筑古朴大气，由牌坊式门楼、前厅、穿堂、后厅等建筑组成。前厅、穿堂和后厅组成"工"字形。门楼为青砖砌筑，房屋采用抬梁式结构，雕饰高雅，华而不俗。明间抬梁式，九檩前后用四柱，五架梁上用座斗和拱托住三架梁，三架梁上用座斗和拱托住脊檩。次间边缝穿斗式，九檩前后用五柱，后额枋上置二朵平升科斗拱，柱之间用单步梁连接，梁下用穿枋，各柱间用穿连接。柱为梭柱，柱头卷杀置斗拱，牛腿饰花鸟，中间为山水，雕工简朴。宗祠里尚存朱熹题赠的"理学名宗"匾额。

二、清代木雕装饰风格

东阳清代建筑木雕遗存有140多处，清中期数量最多。这与当时的"康乾盛世"有很大关系。清代东阳建筑木雕遗存明显多于明代，而且很多建筑都非常具有代表性，如建于康熙年间的南马前宅村崇德堂、嘉庆年间的湖溪马上桥花厅、道光年间六石德润堂、光绪年间南马下安恬懋德堂、嘉庆年间黄山八面厅等，木雕题材丰富，技法成熟，以细腻著称。

（一）木雕装饰风格特点

1. 题材丰富多变

随着历史朝代的更迭，到了清朝中期，木雕首先呈现出新的发展特点。人们在木雕创作中加入了大量的人物形象，梁枋、门窗、牛腿等部分随处可见人物造型，同时木雕作品还广泛融入了历史故事、神话传说、文学作品和生活场景。作品中的人物形象涵盖了各种类型，包括神仙和凡人，帝王和平民，其题材和内容反映了人们对美好生活的期盼和向往。在人物刻画方面，突出人物的造型和性格特点。同一个故事情节中，人们的体态、神情、服装和动作各不相同，重点呈现人物之间以及人与环境之间的关系，确保主次分明，构图完整，实现人、物和景的和谐统一。

其次，戏曲艺术特别发达。明嘉靖年间，东阳王村人王乾章著《梁太素传奇》。清末民初，戏曲事业进入"黄金时期"，根据口碑资料可知，道光年间，全县有72副行头（戏班）出门；乾隆年间，有60面锣（戏班）巡回于金、衢、严、台、温、处6府。[①] 戏曲故事深受广大群众喜爱，木雕艺人将东阳戏与木雕技艺紧密结合，戏曲题材被普遍采用，以丰富雕刻内容。戏文木雕要考虑观赏者的观赏角度，比如房屋的牛腿一般为仰视，格扇门的绦环板适合平视，清代牛腿在造型上颠覆了原有的独立风格，融入了人物、动植物以及风景等内容，增加了故事情节以及相关的人物群体，雕刻细致入微，层次感强烈，各个形象栩栩如生，给人以强烈的视觉冲击。戏曲内容素材广泛，取之不尽，人物面部形象、服饰、道具、兵器雕刻也有依据，如戏曲以鞭代马，木雕则可雕真马。另外，木雕艺人从生动的戏曲故事中吸取素材，易为群众所接受。戏曲木雕也较为程式化，如戏曲用4个兵代替千军万马，而木雕常常雕刻一个主将而省略其他，但也不妨碍群众欣赏与理解。在这种传统文化的影响下，戏曲成为木雕艺人雕刻的题材，如建于清末光绪年间南马上安恬村的达德堂，琴枋中雕有"苏武牧羊""空城计""刘关张送徐庶"等典故，雀替中雕有"千里送京娘""桑园会""钟馗嫁妹""杨排风"等典故，宣扬的是一种理想人格。从神仙传说中的"和合二仙"等到历史故事中的"隋唐列传""罗成叫关""将相和"等，再到渲染生活情趣的"游龙戏凤""秋胡戏妻""赵颜求寿"等，每个细节雕刻都很生动，都体现着封建社会时期的一些道德理念。厦程里尊行堂的六扇门窗绦环板戏文木雕"铡美案"：庞太师之子强抢秦香莲，陈世美与秦香莲喜结连理，送夫赶考。陈世美在赶考途中路遇流落民间的当朝公主赵昭，之后得到赵昭帮助，得中状元，并被招为当朝驸马。秦香莲母子上京寻夫，陈世美拒绝相认，其子英哥告御状。包拯得知，吹胡子跺脚。包拯找到人证、

[①] 搜狐．多彩非遗第24期丨侯阳高腔 [EB/OL]．（2023-12-18）[2023-12-20]．https：//www.sohu.com/a/745001001_121123528．

物证后，定驸马之罪，虽有皇亲国戚阻挡，但还是将陈世美送上龙头铡。花板故事一环扣一环，每一环都是一个故事情节。

最后，翎毛花卉题材突出了写实性，同时追求神采之美，木雕生动地还原了花瓣、枝梗和叶片的自然状态。花卉题材除了牡丹、茶花等寓意好的品种，其他不知名的花也被广泛应用。花与叶相互衬托，虫鸟鲜活生动，撑拱的狮子、鹿鹤体态充盈，一些体积很小的动植物都雕刻得玲珑可爱，一刀一凿都显示出木雕艺人们的匠心与技巧。这个时期的木雕题材还有农事风俗活动场景和生活场景，作品技法质朴，有浓厚的乡土气息，拉近了与民众的距离。

2. 技法不断更新

清代雕刻技艺具有程式化特点，并在不断变化中逐渐丰富。为了不影响承重效果，同时又能满足审美需求，梁架结构在装饰时，一般采用深浮雕手法。撑拱有多种雕刻技法，比如深浮雕、圆雕、半圆雕、多层透雕、镂空雕等，但是无论使用哪种手法，艺人都能将人物、花鸟等形象雕刻得惟妙惟肖，这充分展现了木雕艺人高超的技艺。在门窗装饰方面，人们有较多的要求，比如门楣位置要高，采用穿花、镂空雕、透空双面雕等方法，这样做不仅外形优美，而且有利于采光。绦环板由于位置特殊，出于安全考虑，一般采用浅浮雕与薄浮雕。

清朝在继承明朝的优秀成果的基础上，还发展了两种技法——锯空贴花雕和彩木镶嵌雕。

锯空贴花雕融合了锯空雕和贴花雕两种技术，先进行切割雕刻，然后将雕刻部分粘贴或嵌入深色底板上。一般情况下，人们会选用3～5毫米厚的薄木板作为贴花木板。制作时，人们通常选择浅浮雕技术，使图案简单清晰，风格连贯，同时浅色图案与深色背景形成鲜明的对比。锯空雕又称作拉空雕、透空雕或镂空雕，通过使用钢丝锯将材料完全拉空后再进行雕刻，表现出精致的透空效果。透空雕刻通常使用平面刻线刀，常采用浅浮雕技法，图案不仅要遵循一定的规则，整体连贯，还要具有良好的装饰效果。花纹要均匀细致，以确保作品的稳固性。因具有良好的透空和通风特性，锯空雕可以用于各种装饰场所，比如吊顶、门窗、花床、挂廊、隔断、屏风、宫灯和边框等。透空雕具体又可细分为单面透空雕、双面透空雕和异形双面透空雕。

彩木镶嵌雕类似于剪贴工艺，这种技术利用不同木材间的色泽差异将其组合成彩色图案，再嵌入髹漆深地花板中，最后进行雕刻。彩木镶嵌雕在构图上追求简洁流畅，色彩要求搭配美观，因此形成了独特的雕刻风格，适用于各种家具的装饰，如橱、柜、箱、屏等。然而由于工艺复杂和时间成本，人们已经很少采用彩木镶嵌雕。另外，材质和雕刻工具也影响了工匠创新雕刻技法。

3. 风格烦琐细腻

明代的"基础体"与"纹饰体"在明末清初由简约粗犷向烦琐细腻风格转变。"雕花体"与"画工体"在清代盛行，雕花体从明末清初到清中期一直流行，画工体流行于清晚期，二者揭示了清代木雕的发展过程。

"雕花体"持续时间较长，在明中晚期逐渐形成，与当时的手工业水平提高有很大的关系。这时工具种类增多，木雕风格逐步精细，纹样特征由古朴向饱满有力、层次丰富转变，出现装饰性细节。器形不再保留原有形状，开始强调装饰，并增大了器物的装饰面积。戏曲艺术的繁荣对木雕装饰产生了深刻的影响。具体来说，戏曲使木雕的题材和内容更加宽泛，很多戏曲场景被广泛应用到木雕中，内容涵盖了"忠、孝、节、义"的礼教文化和各种风土民情，生动地再现了当时人们的生活场景，是当时社会文化和人们思想观念的缩影。

晚清时期的木雕艺人郭金局首创"画工体"。他精通绘画，巧妙地将两种艺术形式完美地结合起来，将中国画融入木雕艺术的创作中，"画工体"由此而来。他在雕刻时参考了很多名家的绘画作品、戏文故事以及传统戏剧角色，追求人物间合理的位置关系，以确保他们的动作和表情生动传神。同时，注重山水和景物间的层次感，使雕刻作品清晰可辨，乱中有序。郭金局深受绘画中笔意和神韵的启发，雕刻刀锋灵活精湛，技艺娴熟。过度模仿传统绘画，是晚清和民国时期东阳木雕的主要风格之一。"木雕皇帝"杜云松师从郭金局，更是取众人之长，补自身之短，没有墨守成规，善于革故鼎新，吸取"画工体"的优点，较好地解决了东阳木雕传统与创新结合的问题，影响深远，谓之"现代东阳木雕之父"。清末南上湖一民居内的门窗绦环板，由伯乐相马、海上放牧、管夫人画画等故事组成，参照《芥子园画谱》的韵味。

4. 部件装饰"丽""俗"

在清朝时期，建筑元素发生了重大变化，例如梁弓的跨度增加，形状更加突出，从简单的装饰图案，如回纹和龙须纹逐渐演变为更复杂的纹样，包括鱼鳃纹、弯曲明显的龙须纹和类似绸带的波形纹。发展至清朝中期，梁上的图案雕刻更为出色，浅浮雕、深浮雕和阴雕等技法运用广泛，出现了一大批优秀的木雕作品。月梁辅以荷包梁加以装饰，同时"船篷轩"和"平顶轩"配以精美的藻井和团花图案，展现出独特的艺术风格和高超的雕刻技艺，卢宅目前还保留着名为"九狮戏球"的荷包梁。雀替的雕刻极具创意，由作者自由发挥，同时与斗拱和牛腿融为一体，以回形纹为主要纹饰，内容丰富多样，涵盖人物故事、动物传说、各种植物，以及古代符号等，并将它们巧妙地组合排列，展现出作者的审美情趣和内心世界。撑拱也发生了一些变化，呈现出立体化、多样化的造型，从明朝时期的壶瓶嘴形状逐渐演变为"S"形、回形、混合形状。清朝中后期迎来了牛腿雕刻的繁荣时期，工匠开始雕刻整块斜木，制作过程变得更加复杂，采用了浮雕、镂空雕、半圆雕等技法，雕刻作品堪称绝美。斜撑上的横木逐渐演变为琴枋，与牛腿部分相得益彰。琴枋两侧常常采用深浮雕技术，使人物形象更立体和真实。琴枋、刊头通常采用半圆雕或独立圆雕技术，装饰小巧玲珑，位置鲜明，配以书法贴雕来表达吉祥寓意。门窗的槅扇和槅心通常采用透空双面雕刻技法，这样可以确保足够的光线透入，同时方便人们从两面进行欣赏。绦环板、窗裙板与人的视线持平，图案线条清晰，能让人细细观赏和品味，为求牢固，基本采用浮雕技法。部件木雕装饰题材内容逐渐增多，雕刻技法愈见娴熟，整体趋势由简入繁。

（二）典型建筑木雕遗存

1. 吕氏花厅

吕氏花厅位于湖溪镇马上桥村，又名"一经堂"，曾是当地富商吕富进的一处住宅，始建于清朝嘉庆二十五年（1820），落成于清朝道光十年（1830），道光十九年（1839）增建第四进后堂，占地1797平方米，共有44间房、272根落地柱，建筑面积2793平方米，呈"且"字形平面布局，由八字门楼、正厅、两进后堂加厢楼组成串联四合院，门楼与正厅间隔门墙，正厅三开间，九架前轩后双步。[1] 梁背置斗拱，施重拱。梁头、斗拱、枋、檩均刻上花纹、线脚。牛腿、雀替、

---

[1] 百度百科.马上桥花厅 [EB/OL].（2023-01-10）[2023-12-20].https：//baike.baidu.com/item/%E9%A9%AC%E4%B8%8A%E6%A1%A5%E8%8A%B1%E5%8E%85/9665637?fr=ge_ala#reference-1.

厢楼门窗的木雕采用圆雕、透雕技法，画面为神话传说、花草、动物等。特别是正厅前廊顶部，镂空雕的山水、楼阁、人物、牛腿，高浮雕的狮子、蝙蝠、檐檩，圆雕群狮戏球荷包梁、锁壳纹榫卯相连的船篷轩，都是东阳木雕鼎盛时期的经典之作。

2. 德润堂

德润堂位于六石下石塘村，建于清道光年间，又称"千柱落地"。"整个建筑群有门楼、厅堂、厢房、耳房等大大小小房屋79间，5条纵轴、3条横轴双向展开，构成棋盘形封闭院落，内有大小庭院10多个，占地3600多平方米。400多米长宽敞明亮的走廊又将全部房屋连接在一起，即使雨天，也可不走一步湿地"。[①] 大门前设有照壁，大厅九架前轩后双步，明间抬梁式，前轩雕刻精致，扇形雀替饰雕人物故事，挑檐部分构成井口天花。明间前檐柱麒麟牛腿，次间鹿形牛腿，门窗雕刻极为精细。整座建筑结构紧凑，用地经济，功能齐全，日光充足，通风良好，可谓巧夺天工。

3. 懋德堂

懋德堂位于南马下安恬村，为清晚期建筑。建造者为马樟树，从事火腿、酿酒业，因营销有方，遂成东阳南乡巨富，于清光绪年间先后三次完成懋德堂前后共五进的建筑。后两进已遭火灾损毁。"现存照墙、前厅、正厅、中堂及两侧厢房。其坐北朝南，总面宽28.65米，总进深长54.4米，占地1558.6平方米"。[②] 懋德堂全宅木雕精致，展现出高超的技艺水平，具有很高的艺术价值。花鸟动物牛腿占主要部位。门窗装饰的雕刻更加细琐、精致，正厅檐柱牛腿全为狮子牛腿，打破了传统狮与鹿搭配的牛腿设置，体现出清代晚期开始流行的雕刻内容和雕刻技艺特点。木雕装饰融合了石雕、砖雕、堆塑和墙绘中的优秀元素，体现了晚清木雕工艺精湛、作品精致、风格鲜明的特点，是东阳晚清民居建筑鲜有的优秀作品。

---

① 搜狐.下石塘争创3A级景区村庄[EB/OL].（2020-11-05）[2023-12-20].https：//www.sohu.com/a/429661773_120179345.

② 骆光明.东阳懋德堂古建筑艺术研究[J].中国民族博览，2016（5）：189-190.

4.瑞霭堂

瑞霭堂为清嘉庆年间的艺术建筑，原址在横店镇夏厉墅村，1994年迁于横店集团文化村。原屋主是东阳历史上第一位有据可查的进士的第41世孙厉贻钰。瑞霭堂为四合院式，后堂、厢房为楼屋。三开间大厅，九架前轩后双步，梁栿斗拱承托檩条，轩梁背置花篮斗，明间梁下九狮戏球。据说当年工匠是倒挂梁下进行雕刻的，扇形雀替饰戏剧故事。挑檐部分勾井口天花，牛腿饰山水楼阁，山墙内侧穿枋下磨砖贴面，前有门坊，砖雕、斗拱、花脊，十分精致。

三、明清木雕装饰特点

要想了解明清时期的建筑特点，关键在于民居建筑，它不同于宫廷、寺庙等官式建筑，是普通百姓的住房，因此更具鲜明的时代特色。秦汉时期就出现了民居建筑，东阳木雕产生于唐朝，发展至明清时期逐渐繁荣，建筑充分展示了明清时期东阳木雕发展的主要工艺。

（一）精雕细刻

精雕细刻是传统民居的鲜明特色。传统民居凝结了历代半工半农工匠的辛勤汗水和雕刻工艺，代表着民间雕刻工艺的发展水平。关于木雕装饰技艺的文献记载，可以参考李诫的《营造法式》一书。明清时期，木雕在建筑装饰领域迅速发展，甚至打破了朝廷关于民间建筑装饰的各种规定和限制。东阳虎鹿镇厦程里村的位育堂古建筑群反映了当时木雕建筑装饰的发展成果。建造者程用祁是普通百姓，他有9个儿子、34个孙子，借助儿孙的劳动力，他成功打造了这座规模宏大的住宅，这个宅子有五开间大厅、五进深院，共计209间房。六石镇下石塘德润堂颠覆了中国古建筑一贯的设计模式，以五条纵向和三条横向的轴线布局，创造了独特的"千柱落地"建筑群落。拥有18个天井院落。通过大面积的外墙使其与外部环境相独立，营造了一种内外相融、静谧的氛围。德润堂的建筑工程始于清道光年间，于咸丰九年（1859）完成。明朝时期，东阳木雕的发展领域发生改变，由原来的宗教领域逐渐发展至建筑领域，特别是在建筑装饰方面，广泛运用了平面浮雕技法。这种技法的特点是造型简洁大方，图案布局简明，通过对形的刻画传达出作品的神韵。在江浙地区，许多豪绅士族都会在自己的家乡建设房屋。

据相关文献记载,很多东阳木雕艺人被雇佣进行木雕装饰工作。清代中期,朝廷会挑选许多木雕艺人参与修建宫殿的工作。

大部分东阳古民居有木雕装饰,工匠对建筑的每一部分都进行了精雕细刻。这也反映了当时这一地区的人们具有一定的经济能力,豪绅士族和商人居多。

卢宅的肃雍堂是明朝天顺六年(1462)雅溪卢氏第十四世孙卢溶主持建造的。卢氏也是名门望族,他们通过建造房屋以彰显权力和财富,违制建造的情况也时有发生。得益于这一时期东阳木雕的繁荣发展,木雕装饰被广泛认可和应用。不管是哪一个建筑构件,大到梁架,小到槅花,每一处都经过巧妙的设计,再加上精雕细刻,每一处都堪称是艺术经典。木雕装饰常在镂空雕的基础上融合半圆雕,两种技法的结合使雕刻更加立体,雕刻风格愈加突出。

月梁和直梁是梁的两种基本形制。"龙须纹"或"鱼鳃纹"图案常被雕刻于月梁两端。清朝末年,南马上安恬存义堂将斗拱全部改为镂空花板。马上桥一经堂的一对牛腿向人们展现了一幅完整的亭台山水景象,诉说着人物的传奇人生。其雕镂耗费百工以上,对琴枋、廊轩的雕刻也达到了极致。为东阳民居牛腿上的琴枋,塔、房、桥比例协调,是典型的江南民居。这体现出工匠精湛的木雕技艺,同时也蕴含着民族传统文化和地域色彩。

(二)明精暗简

传统民居在木雕装饰时,常突出明精暗简的鲜明特点。东阳古民居大多重视外部建筑构件的装饰,装饰工艺精湛、讲究细致。涉及房屋的檐廊部分,例如,轩顶、梁枋、月梁、牛腿、栏杆、门窗等,都会进行精细的木雕装饰,即使是最简单的房屋设计也会在月梁、牛腿和门窗上进行木雕装饰。木雕题材广泛,涵盖了花鸟鱼虫等元素,内容丰富且寓意深刻,具有良好的教化意义。色彩方面仅进行清漆处理,保留原木色的清水白木雕风格在东阳传统民居装饰中占据重要地位。

雕刻装饰需要注重实用性,在安全稳固的基础上,寻求整体装饰效果,不能杂乱无章。木雕艺人会根据建筑的不同部位而采用不同的雕刻手法,比如涉及房顶等位置较高的部位时,宜采用深雕、透空雕等雕刻技术,使得物象简单明快、线条粗犷、镂空部位小巧玲珑,达到既适合远观,又适合仰视的动态雕刻效果。中间部位比如门窗、挂廊等,视觉上人们以平视为主,因此,雕刻要求更加细致精美。此外，考虑门窗离地面较近，容易藏污纳垢，因此雕刻时以浅浮雕为主，以方便打理。这些都是东阳木雕艺人在反复实践中总结出来的经验。与此相关的还有这样一个故事：

相传分水县造城隍殿的装饰工作，由东阳班和本地班各承一半，两班互相比赛。开雕大梁之后，前来观赏者不少。在快要雕成时，大多赞赏本地班雕得精细，嫌东阳班太毛糙。东阳师傅听了，没有理论，只是笑笑。双方都雕好后，装贴到高处的大梁上。观赏者蒙了，东阳师傅所雕的双狮戏球，活泼可爱，清晰可见；而本地班所雕图案看上去模糊一片，分不清是鸡还是凤。

出现这种情况，是因为东阳木雕艺人考虑人们观赏的角度以及距离因素，所以关注到了建筑作品的整体雕刻效果。本地班没有意识到观赏距离和角度问题，越是对建筑的每个部件进行精雕细刻，人们越是看不清雕刻的内容，视觉效果越差。东阳木雕艺人将这一宝贵经验一代代流传下去。

德润堂是一座明朝建筑，采用了抬梁式的结构设计，屋顶采用了望板垫瓦的方式加以覆盖，同时枋上配以花草等雕饰图案，其中，中央部分采用三面雕，周围采用下方施雕的技法。楼板处理上，除了增加厚度，还加大了穿栅截面，挑檐部分构成井口天花，并雕出花卉图案加以装饰，雕刻风格粗犷而大胆。外檐结构方面，琴枋在牛腿支撑的基础上增加了刊头和花拱设计，采用深浮雕的技法呈现出立体化的艺术效果。前檐柱麒麟牛腿，次间鹿形牛腿，同时结合镂空雕和圆雕两种技法，精美绝伦。轩顶处理方面，月梁上辅以荷包梁加以雕饰，顺着两侧梁枋，每隔约两尺便安装上椽。椽下覆盖薄板，塑造成半圆形的穹顶结构，然后在板下附着锯空雕花，使整体呈现出鲜明的立体感，打造出"船篷轩"效果。在木雕装饰方面，扇形雀替采用人物故事加以雕饰，月梁辅以龙须图案。由于门窗适宜平视，装饰上更为讲究。在雕刻时，工匠依据人们观赏视线高度和角度的变化而进行调整，整体上遵循近细远粗的雕刻原则。具体来说，视距越近，雕刻内容应越细致，视距越远，雕刻内容应越简略。

位于湖溪镇马上桥村的马上桥花厅，宽 11.6 米，纵深 8.2 米，坐北朝南，面阔三间。明间和次间分别采用了抬梁式和穿斗式的结构形式。门厅后檐出廊，用狮鹿牛腿、井字纹美人靠加以装饰，而扇形雀替则用花草、山水和楼阁加以雕饰。花厅的建筑内部，每个构件都经过精细雕琢，以木雕艺术生动地展示了日常生活的场景。此外，搭配了许多精巧的纹饰，如回纹、龙纹、水纹等，整体设计丰富多彩，风格雅致高贵。正厅采用船篷轩顶的装修风格，不同部位采用不同的雕刻技法，比如檐檩采用高浮雕技法，配以狮子蝙蝠等图案；牛腿采用镂空雕技法，雕以山水、楼阁、人物图案。这是整个建筑装饰木雕最具特色的典型代表，也是东阳木雕繁荣时期的优秀作品。这些民居中的木雕装饰遵循着近细远粗、明精暗简的雕刻原则。

第三节　明清时期东阳建筑木雕装饰文化

东阳木雕因材料、地域、经济等原因，形成了特有的装饰文化。东阳木雕在材料选择上要求极高，通常选用椴木、白桃木、香樟木、银杏木等，尤其偏爱香樟木、松木和山白杨，偶尔也会使用柏木、红木（花梨木）、水曲柳、水杉、云杉、红豆杉、台湾松木。由于木材的材质属性各有不同，逐渐形成了极具特色的木文化。木雕因其创造性和"绘画性"，逐渐形成了与众不同的"白木雕"文化，木雕作品多以历史故事和民间传说为题材，通过丰富多变的图案装饰展示历史故事和民间传说。东阳木雕采用高层次、分散的平面处理透视关系，倡导传统绘画的散点透视和鸟瞰式透视风格，并强调自由组合图像，主张表现出色彩丰富的画面。东阳木雕和建筑相辅相成，在儒家思想的影响下，展示了家庭、邻里、兄弟及木雕与建筑之间的"和谐"关系。东阳木雕形成了自己的传统风格——"雕花体""古老体"，随着徽戏的发展传播，东阳木雕风格有所变化，戏文化的"徽体""京体"逐渐产生，随后画谱化的"画工体"也进入人们的生活。同时，东阳工匠也凭借自己的手艺走出去，到嵊州、衢州、徽州，甚至进入皇宫施雕行艺，形成了走南闯北的"一把斧文化"，即木雕的"商"文化，据史料记载与认证，北京故宫、徽州等地都留下了东阳木雕的经史之作。

一、木雕装饰"木"文化

木本来就是自然之物，木雕装饰更离不开木的自然属性，人们常说的"三分人工，七分天成"，便蕴含着深刻的道理。木作为自然界的一种可再生资源，在形状、色泽、质地、纹理方面具有独特性，自古以来被视为天然的绿色材料。亭台楼阁，百转千回；雕梁画栋，勾心斗角。"木"作为人类生活环境中的材料，涉及人类生活的方方面面，广泛地应用于建筑、家具、生活道具上，连现在的媒介材料——纸，也是木制造而成。纸或木是孕育文化、传承文化的重要媒介。木雕主要依附于建筑的产生、发展，因而形成了"木"文化。

（一）东阳林木资源情况

东阳市位于浙江省中部，地势东高西低，属于亚热带季风气候区。由于地形地貌的多样性，东阳市的树木分布也较为丰富多样。早在明清时期，东阳就山林茂密、物产丰富、风景秀丽，是富饶的歌山画水之地，"歌山""画水"之地名至今犹存。在《道光东阳县志》中记载当地木属37种，主要有楮、梓、松、杉、樟、桐、椿、枫、银杏、白栎、坚漆（檵木）、朴、柏、青木、框、栗、槐、榆、红豆杉、榉等。其中，香樟、框树、银杏、鹅掌楸、红豆杉等早已被列为国家保护树种。

现如今，东阳的林木资源总量依然很丰富，是浙江省45个林区县（市）之一，全市林地面积占区域面积的60.37%。古树名木遍布全境，共8300多株，其中古香榧树最多，有6800多株。同时，其还打造了多个林场和森林公园，比较有名的有东阳市西甑山林场、东阳市南江林场、东阳市孟婆山林场以及南山国家森林公园。

不仅如此，东阳市每年还在植树造林，积极推进乡村全域土地综合整治与生态修复工作。例如，"在2022年，东阳市全域整治项目通过验收项目1个，新谋划项目11个。完成国土绿化上图4710亩（每亩约为667平方米）、新增森林面积上图11819亩。种植珍贵树种1.7万株，作业面积500亩，提升森林质量8.7万亩。"[①]丰富的树木资源为东阳建筑木雕的材料自给、就地取材提供了保障。

（二）东阳木雕木材的属性与特点

"木分花梨紫檀"[②]指的是木材品种繁多，品质各不相同。例如龙爪槐因形状似龙爪而得名，树的根部重于中段，中段又重于树梢部位。木料的使用与人的管理有点相似，人通过法律与规范来约束自己的行为，木结构则注重选材及对纹理朝向的使用，最大限度地保障各部件稳定不走形、延长使用寿命和推迟修复时间。木头有"立木架千斤"之说。不同的自然生长环境，使木材的用途、硬度都不一

---

① 东阳市人民政府.2022年度东阳市生态文明建设工作推进及总结报告[EB/OL].（2023-08-08）[2023-12-20].http://www.dongyang.gov.cn/art/2023/8/8/art_1229326215_59618102.html.

② 尧小锋.艺术的真相[M].长春：吉林出版集团有限责任公司，2015.

样。长在岩石上的木材的硬度肯定大于长在平地上的同类木材的硬度，有些木头轻软，有些木头粗重；有些肌理强烈，有些光滑细腻。木材有阴面、阳面、上风、下风之别。阴面年轮密实，阳面年轮稀疏，上风纹理细密，下风纹理粗疏。在东阳木雕装饰中，一般都是选用阳面、上风木料来进行人物脸部及镂空作品的雕琢，这样既结实坚韧又精细美观。

根据用途与天然属性，可将木材划分为硬木与软木两大类。硬木生长缓慢、坚硬细密、切面光滑、色泽雅静、花纹华丽，适合家具与木雕创作，但雕刻起来较为吃力。东阳木雕中常见的硬木有鸡翅木、酸枝、樟木、水曲柳、橡木、槐木、柚木等。软木树理通直、木材笔直、不易变形、木质松软、易于加工，适合用于小型家具与细部的雕琢，价格便宜，能为多数人所接受。此外，有些木材还是造纸的主要原料，如松、杉类等。

人们从大自然中受到了许多启发。一些外形独特的木材，容易激发艺术家的创作灵感，使他们茅塞顿开，产生创作的冲动。而一些形态特征一般的木材，艺术家们便要反复琢磨，苦思冥想，经过夜以继日地思考和仔细雕琢，才能将一件优秀的作品展现在世人面前。在现实生活中，我们常常发现一些艺术家喜欢收集一些造型奇特或零散的木材，他们将其摆放在眼前，经常反复推敲思索，这就是"巧雕"。一些天然的木材、树瘤等，都比较适合用这种方法来进行创作。创作的成功与否与艺术家本身的修养、内涵、艺术技巧息息相关。

（三）东阳木雕木材的色泽与纹理

绿色生态、自然主义在木艺这一古老工艺中就有所体现。木艺与众不同的韵味在于它自然的本性——天然的形态与纹理，尤其是它沉稳中略带清新，不带丝毫雕饰的肌理，以及显眼的疤痕，不断激起人们对大自然的向往与热爱。优秀的雕刻家犹如伯乐，能真正认识到每一块木材的价值和独特之处，利用其特点进行雕刻，保留木材的自然本性，实现人与自然的和谐统一。木头的外在表现已然十分出色，其蕴含的文化意义更是珍贵，它古朴，呼吁人们回归本真。

色泽是木材作为装饰品直接呈现出来的一种天然属性。在木雕创作过程中，很多人都会对作品进行着色，但他们基本上是选择无色透明的颜料，尽量保留木材本色，再通过抛光等工艺把天然色泽呈现出来，使之更具自然真切之感。如明代的东阳木雕装饰，现保存较为完整的黄田畈紫微山的明代建筑——许弘纲的尚书第的木架结构与木雕装饰。

东阳木雕的一大特色便是保留了木材的天然颜色和纹理，反对过重的颜色处理，因此素有"白木雕"和"清水白木雕"的美誉。它注重实用性，强调朴素自然的风格，主要用于平民建筑装饰，体现出一种简单朴实、平民化的美学理念。东阳木雕的与众不同之处还在于其保留了原木的自然之色，木材天然的纹理具有独特的韵味，带给人亲切温暖的感觉。在木雕创作中，不同的木材各有特点，因此选择合适的木材是至关重要的。材料本身在艺术形象中扮演着重要角色，具备独立的审美价值。

（四）东阳木雕常用木材的介绍

不同的木雕流派、木雕作品所选用的木材是不同的。例如黄杨木雕使用黄杨木，福建木雕多用龙眼木，而东阳木雕较多选用椴木、榉木、樟木、红檀木等。

1. 椴木

椴木生长在我国东北地区（大兴安岭，小兴安岭）、华东地区、福建、云南等地，是一种上等木材，具有油脂、耐磨耐腐，易加工，不易开裂。其色泽浅淡，为黄白色，纹理均匀，有丝绢光泽，柔软细腻。

2. 榉木

榉木为江南特有的木材，纹理清晰，质地均匀，色调柔和，比多数普通的硬木都重，在木材硬度上属于中上水平。由于承重性好、抗压性好，常用于造船、建筑、桥梁等。明清时期传统家具中，尤其是民间使用广泛，有"没落的贵族"之称。当下以黄花梨为代表的红木占据高端市场，榉木成了没落的贵族，但是贵气依旧：一是榉木拥有重叠波浪尖般的"宝塔纹"，优雅美丽；二是硬度比一般木材高，且木质较重。1999年，榉木被列为国家二级重点保护植物，禁止采伐，因而市场上多为进口榉木。

3. 樟木

樟木主产地为长江以南和西南各地，其中台湾、福建盛产，木材表面红棕色至暗棕色，有不规则的纵裂纹，质重而硬，有浓烈的樟脑香味。我国是樟属树种资源最丰富的国家，樟木是优质家具、药材和香料的原料，不变形，耐虫蛀，民间多用来制作樟木箱,也多用来雕刻佛像。根据树种分类,可分为香樟和肉桂两类,其中香樟又以小叶樟最为著名,香气最为浓郁。

4.红檀木

红檀是名贵硬木之一,产于热带雨林地区,生长期非常缓慢,是东阳红木家具中的常见木材之一。它是一种名贵的材料,通常用于制作高档的红木家具。红檀木质地坚硬,质量稳定,具有耐久性。红檀木色泽深红,并具有独特的芳香味。由于它非常珍贵和性质优良,红檀木在古代就被列为御用木材,是皇家家具和装饰品的首选。

二、木雕装饰"和"文化

"和"文化也是和谐文化,是以和谐内涵为理论基础的文化体系。"和"在文字形态演变中,是一个象形文字,甲骨文、金文和篆书分别写作"龢"。秦统一文字后,篆体的"龢"被简化为左边"口"右边"禾"。经过汉隶后,"和"字的写法变为左"禾"右"口",由"千""人""口"组成。同声相应,同气相求,和谐也,"和"文化是中国重要的传统文化。"和为贵""和气生财""家和万事兴""和合二仙"等饱含传统"和文化"的意蕴,这类图案经常出现在明清东阳民居建筑木雕中。从保存下来的古民居中的木雕来看,其体现的"和"文化以儒家文化为主体,以"中庸"的思想方法认知和谐,通过培养"君子"促进和谐,用伦理道德维系和谐等,在当今社会都有借鉴之处。现从以下几个方面来分析明清时期东阳建筑木雕中的"和"文化:

(一)追求素雅,木雕色调之和

东阳木雕是一种清淡素雅的艺术,是唯一应用于建筑装饰的清水"白木雕",是一种典型的平民化艺术。不上色,不着混油,只上清油漆,利用樟木、椴木等色泽清淡、纹理精美的木料来雕饰,保留原有的木泽纹理,在建筑木雕中独树一帜,也成为东阳木雕区别其他木雕的重要标志。东阳民风简朴,古民居雕饰基本上都不做表面处理,是一种真正的本色木雕,是一种简约、朴素、低成本的美。这也是受东阳地区地理环境与官府礼制影响的结果。东阳地处浙江中部,亚热带季风气候明显,同时受到盆地气候的影响,因此形成了降水充沛、湿润多雨、四季分明、年平均温差大的气候特征。此外，中国历史上各个时期都制定了各种规定，对居室建造进行管理，尤其对平民的要求更为严格，这反映了统治阶级的权威。除了规定房屋的结构，建筑物的颜色也受到严格的规范。例如，唐代就有规定"又庶人所造堂舍，不得过三间四架。门屋一间两架，仍不得辄施装饰"[①]。宋代规定："凡民庶家，不得施重栱、藻井及五色文采为饰，仍不得四铺飞檐。庶人舍屋，许五架，门一间两厦而已。"[②]明代规定："庶民所居房舍，不过三间五架，不许用斗拱及彩色装饰。"[③]清代则继承了明代的制度。东阳建筑木雕与农耕文化联系紧密，不提倡斗拱和色彩。东阳积淀了深厚的文化底蕴，人才众多，这种崇尚素雅的"白木雕"与文人雅士的高尚情操不谋而合，因此获得了人们的广泛认可，这为其发展壮大创造了良好的社会环境。

对比其他地区的木雕，东阳木雕在材料选择上没有严格的要求，不看重木材是否名贵。因此东阳木雕的选材范围十分宽泛，涵盖了各种质地和类型，既有坚韧细腻的柏、椿、檀、楠木等木材，又有质地一般的梨木、樟木等木材，就连其他地区不用的杉木、松木也都成为东阳木雕的选材对象。关于原木本色及其纹理处理上，东阳木雕有以下两种处理方法：一种是不采用油漆处理，最大限度地保留木材天然的纹理和质感，从而突出原材料的特质，呈现出自然且独特的装饰效果；另一种是将不同材质的木雕画面与边框进行完美组合，不做油漆处理，以凸显各种材质和纹理之间的对比效果，进而增强装饰效果，使作品更具表现力。一般情况下，边框会通过绦环板嵌入槅扇、柜面或门扇中。在卢宅古民居群的一组槅扇绦环板木雕作品中，绦环板由未经染色处理木材原色板制作而成，同时搭配了徐稚救树、米芾拜石、王羲之爱鹅、陆羽品茶等不同故事场景。接着，作者选择木质纹路较粗、纹理鲜明的原木板制作装饰边框，边框较宽，四周都有线条，加强了层次感。如此一来，建筑作品将自然之美与艺术之美完美融合，使绦环板组成了一幅完整的故事画卷。中间的人物形象简明细致，周围的边框质朴自然，各种雕刻细节和木材的自然纹理尽收眼底，既亲切自然，又充满了艺术氛围，体现了天人合一的理念。

[①] 李合群. 中国古代建筑文献选读[M]. 武汉：华中科技大学出版社，2008.
[②] 傅伯星. 宋画中的南宋建筑[M]. 杭州：西泠印社出版社，2011.
[③] 王俊. 中国古代门窗[M]. 北京：中国商业出版社，2022.

（二）美化主体，依构而雕之和

按照性质的不同，装饰木雕具体可分为两种类型，一种是实用型的装饰木雕，一种是观赏型的装饰木雕。东阳木雕装饰的主体是建筑和家具，因此木雕必须与装饰主体紧密联系，同时发挥美化主体的功能。由此可见，东阳木雕属于实用的类型。因此在进行雕刻时，要优先考虑实用效果。明清时期，工匠们在进行古民居建筑时，常常先用木料制作出梁、柱、门、窗等房屋部件，形成大概的框架体系，并不断完善建筑的规模与形式，在这一点上，建筑设计者与木雕大师必须有深厚的规划、设计、文化功底，一般的建筑匠师很难做到这一点，现存的一些大型古建筑都是由一些木雕大师带领一大批工匠来完成的。这一步如人之骨架，要添加血肉、气息、灵魂，因此必须通过木雕装饰的设计和制作才能实现。如建于清中后期的李宅怡怡堂把家族兄弟之和与精美的建筑部件雕刻装饰之"和"体现得淋漓尽致。

木雕创作要注重实用性，就必须满足两方面的要求。一方面，装饰木雕有特定的空间和位置，不能随意改变。另一方面，装饰木雕依赖于主体而存在，还要与主体合二为一，在形式、风格以及功能方面实现完美契合。在木雕的制作过程中，要注入丰富的文化内涵，让实用的作品也具有文化价值。明清时期的东阳建筑木雕在设计和雕琢时，注重实用性和文化内涵，最大限度地美化实用主体，同时根据主体的结构进行精雕细刻。在实用的基础上，不断寻求美观，在确保构件功能完整的前提下进行雕刻。工匠们根据建筑物的不同功能和特点，采用多种雕刻技法，比如镂空雕、圆雕、浮雕等，同时结合主体的实际情况，有针对性地进行雕刻，逐渐形成了古民居建筑木雕装饰的独特风格。

在明清时期，东阳民居建筑基本上都是"院落＋天井＋厅堂＋厢房"的组合，前厅后堂：前厅主要是家族聚会、结婚等庆祝喜事之所，是整个建筑的核心空间；后堂是祭祀、举办丧事之所。以厅堂为中心，两边设置厢房。在木雕的装饰上也另有侧重点，前厅的雕饰是重中之重，牛腿装饰都是动物，如少师太师、鹿衔灵芝、人物等。檐檩的雕刻更是精致无比，图案一般都是双龙戏珠、百鸟朝凤、百鹿飞奔、忠孝节义等。前厅是家庭文化和主人形象的集中体现之所。这个空间的木构最多，有木雕雕刻的用武之地。同时，这里光线较好，也有利于人的观瞻。正因如此，前厅是东阳建筑木雕花力气最多的地方。后堂的装饰基本上以"S"拱为主，饰以花草图案，两侧厢房的雕刻相对简洁，图案趋于生活化。长期以来，以前厅后堂为中心的木雕装饰积累了许多实践经验，也形成了符合封建社会家族伦理观念的主体部位突出的"和"文化木雕装饰理念。

（三）构思圆合，雅俗共赏之和

通常情况下，民间艺术呈现出一种较为自由的艺术形式，常常较为随意，缺乏严谨的策划、设计、施工和艺术监督等流程，整体上缺乏系统性。因此，涉及多件作品的组合时，整体效果较差，连贯性和统一性还有待加强。但东阳木雕在一开始就有整体规划，还具有构思圆合、风貌完整的品质。如始建于明代的东阳市佐村镇厦城村承德堂6个琴枋的图案，都是《三国演义》的节选，寻常百姓看懂了一幅图，就可以发散联想到其他几张图的内容；再如诸暨斯宅下新居的四扇门窗的绦环板也有雅俗共赏之和。由此可见，工匠在进行木雕装饰工作时，并不是随意进行的，而是经过整体构思和规划，有计划地开展。

东阳木雕浓厚的民俗色彩集中体现在民俗化的绘画图案上。就绘画内容而言，东阳木雕通常选择神话故事、历史传说、戏曲情节、花鸟虫兽和日常生活等题材，更贴近一般百姓的心理需求和兴趣爱好。内容在一定程度上决定了表现形式，因此东阳木雕在形式选择上更加偏爱民间的各种图案，涵盖了龙、凤、狮子、财神等经典形象，涉及福、禄、寿、喜等民间常见字样，还包括云纹、回纹、钱纹等图纹样式，无论哪一种都具有鲜明的特色。东阳木雕所选主题和绘画风格，都呈现出明显的民俗特色，同时还融合了儒家文化和宋元时期的理学思想。

东阳木雕根植于婺学文化。婺学是婺州地区具有特色的儒学，是宋代儒学家、思想家、教育家范浚开宗创建的学派。其学术思想是直宗孔孟"遗经"，而参诸子史。婺学是宋元明清文化思想的主脉，是一种本土化儒学。其意识与正统儒家"修身、齐家、治国、平天下"[1]主流意识是一致的。东阳木雕鲜明地反映了这种思想观念，卢宅肃雍堂就是其中的代表。东阳木雕艺人都积累了一定的传统文化知识，文化素养也相对较高，因此他们在进行木雕设计和雕刻时，文化因素起着积极的作用。现存马上桥花厅的厢房牛腿就是一个很典型的例子，其中人物、景

---

[1] 孔子.尚书[M].长春：吉林文史出版社，2017.

物与自然协调,浑然天成,让观者感到雅致,同时也能看懂图的来龙去脉,领悟其中的意蕴。比如人与树一样高,甚至比树还要高的表现手法,看似背离了人们的生活常识,却呈现出意想不到的艺术效果,让人惊叹艺术的魅力。

(四)象征暗示,图案寓意之和

在艺术创作中,创造的过程等同于作者使用艺术语言表达自己思想和情感的过程。不同的艺术形式拥有不同的艺术表达方式,艺术语言也各具特色。对于木雕艺术而言,它用自己的独特语言与观赏者进行沟通,从而表达思想情感。经过时间的沉淀和实践的积累,东阳木雕在图案创作上形成了相对固定的模式,图案背后寓意也相对固定,于是人们产生了固定的解读模式。在木雕艺术中,这些被称为"文明密码"的程式化的艺术语言得到了广泛地认可和应用。东阳木雕作品中涉及很多和合二仙、荷花、鱼、螃蟹等题材内容,这些作品遵循了程式化语言,旨在传达和谐美好的主题。

荷通"和",与莲蓬和白藕组成"因荷(合)得藕(偶)"的吉祥图案;与鸳鸯组成"成双作对"的图案,寓意良缘天赐,佳偶天成。一根茎上开出两朵荷花的并蒂莲寓意夫妻恩爱;数条锦鲤畅游于荷花丛中叫"鱼穿莲花";两条金鱼或鲤鱼环绕一朵莲花叫"双鱼戏莲",比喻夫妻恩爱,如鱼得水,夫妻和睦。荷花图除了荷花,还有各种不同的小动物和植物,构成既可独立欣赏,整体又生动和谐的画面,寓意以和为贵、和而不同、和谐共荣,图案巧夺天工,博大精深。如马上桥花厅的门厅侧面的两个花篮仰面拱与檐下花牙子采用荷花图案,一进门就能看到。木雕匠师与屋主当时的用意应该很明显,让家族之人要以"和"为贵、和谐、平安,可谓用心良苦,寓意深远。

和合二仙也是东阳木雕常见的题材。唐代佛教史上著名的诗僧寒山与拾得两位大师,隐居天台山国清寺,行迹怪诞,言语非常,相传他们是文殊菩萨与普贤菩萨的化身。他们之间的玄妙对谈不是一般凡夫俗子所能领悟的,蕴含了面对人我是非的处世之道。清朝雍正年间,寒山、拾得被追封为"和合二圣",即"和合二仙",现苏州还有寒山寺存世。他们手中一人执荷花,一人捧盒,盒盖稍微掀起,内有一群蝙蝠,从盒内飞出。"荷"与"和""盒"与"合"同音,取和谐、好合之意。纹样以此内容组成,常用于木雕、漆画、砖刻、刺绣、剪纸和木版年画中。两个高僧的图案在木雕中一般来说是少见的，民间通常把蓬头笑颜的两人作为婚嫁之神来看，也叫"一团和气"。

诸暨斯宅的斯盛居体现出另一种和谐之美。斯盛居为当地巨富斯元儒（1753—1882）于清代嘉庆三年所建住宅，面积6850平方米，有屋118间、弄32条，内含10个天井，共有柱子近千根，故名为"千柱屋"。[①] 它以主轴线为中心，东西侧各分设两条辅轴线，各院之间设天井，前后楼屋，左右厢楼。10个四合院分别冠以"双槐堂""双桂堂"等名称，各自成章，院落之间又有廊檐相连，四通八达，使整个建筑浑然一体。8个四合院为元儒公四个儿子所有，每个儿子各一个前厅后堂两个四合院，造作讲究，工艺精湛。特别是门窗的图案选用"梅兰竹菊"进行雕饰，整个前厅后堂都是用一种图案的不同形状雕饰，如大儿子的两个四合院都采用"梅花"为主题，雕工精细，层次分明。梅、兰、竹、菊是中国人感物喻志的象征，梅高洁傲岸，兰幽雅空灵，竹虚心直节，菊冷艳清贞。通往大厅的门楣、门框都是浅浮雕"梅兰竹菊"的组合。生命和艺术的"境界"都是将有限的、内在的精神品性升华为永恒的、无限的、兄弟间的和谐之美。这种雕刻设计思路是少见的。

在"和"方面体现较多的还有视觉上的和谐。东阳木雕在选材上直接选择与"和"相关的题材，如百岁图、全家福等。以槅扇为例，在明清时期，东阳民居的槅扇都是采用镂空花雕，美观的同时也利于采光和空气流通，是一种融实用、美观、功能于一体的和谐之美。如德润堂，装饰着灵兽、回纹、人物等图案，门窗的上部分都是连续的人物、动物槅心加镂空棂格，与人视线的距离相协调。这种例子在东阳境内有很多，如卢宅肃雍堂、存义堂。这些建筑木雕虽各有千秋，但基本格局大体一致。

三、木雕装饰"商"文化

东阳在历史上是婺州的一部分，因此东阳商文化的形成和发展与婺商文化有着紧密联系。婺商的发展始于唐朝和宋朝，在明代万历年间，八婺地区的工商业已经发展壮大，交易十分频繁。古代金华的经济主要依靠传统产业，比如农产品

---

① 浙江省林业局. 江南民居的典范 诸暨巨宅斯盛居[EB/OL].（2023-01-09）[2023-12-20]. http://lyj.zj.gov.cn/art/2023/1/9/art_1277860_59043815.html.

加工、手工业、陶瓷、纺织等。东阳木雕便属于手工业范畴。明清时期，东阳木雕、竹编、火腿腌制、纺织等行业发展迅速，各类工匠和手艺人队伍逐渐壮大。南宋金华人唐仲友于1171年任台州太守时，已采用雕版印刷术，聘用东阳木雕工匠雕印《荀子》等书上百部，这些书雕得十分精细，是中国出版史上的精品、珍版，人称"宋椠上驷"，赞其"雕镂之精，不在北宋蜀刻之下"[1]。现在日本尚有藏本，奉为国宝。此外，唐仲友还聘请东阳木雕艺人雕刻了一块"一贯会子"的票版，印刷数量达一千多张，后来因违反朝廷规制而被弹劾。但是这在一定程度上说明了东阳木雕艺人已经辗转到各地谋生，东阳"商"文化已经开始萌芽。元代时期元曲盛行，代表人物有关汉卿、王实甫等人，他们创作了许多优秀的戏曲作品，同时配以生动的图画，而许多珍贵的版本都是由东阳的雕刻工匠制作而成的。东阳木雕的"商"文化一直流传至今，与东阳的历史、地理、文化等都有着莫大的联系。

（一）木雕装饰商文化形成的原因

汤恩比提出了"挑战—应战"理论体系，指出客观的地理环境为人们提供了必要的生存场所和物质条件，但是也给人类带来了各种挑战和困难，人类在应对挑战和解决困难的过程中逐渐形成了文化。因此，自然环境对于社会的发展以及人类的文明是至关重要的。地理环境的差异，导致人们的生活方式和谋生手段各不同。东阳地处浙江省中部，主要是丘陵和盆地。东阳山多地少，相对闭塞，山无良材，地无矿产，土壤贫瘠，水旱灾害频繁。这种独特的地理环境促成了东阳男人学手艺就能成才的观念，手艺被东阳人视为吃饭的本钱。发展到现在，最有名的当数东阳木雕和东阳竹编。清代道光年间的《东阳县志》在记录东阳的区域文化性格特征时称：东阳社会经济，明以前，"民朴而勤、勇决而尚气。族居岩谷，不轻去其乡。以耕种为生，不习工商"[2]。较为保守，耕读持家，为封闭型的小农经济。明末开始，东阳百工匠作和商业日益发展，逐步形成以农业、手工业为主的社会经济。东阳人口从南宋的18万人到清道光年间的48万人，人口的急剧增加与有限的土地资源形成了难以调和的矛盾，意味着东阳人要在农业之外寻求生

---

[1] 叶德辉.书林清话[M].北京：华文出版社，2012.
[2] 胡朴安.中国风俗：上[M].长春：吉林出版集团股份有限公司，2017.

存的门路，同时也表现出一切从自己生存实际出发的务实精神。

任何一种文化都不是突然产生的，而是历史变迁过程中的积淀，是民族根之所系、脉之所维，具有一定的传承性。自秦以来，"重农抑商"一直是中国商文化的基调。但在长期的生产实践和社会实践中，一批学者、大师提出了自己的价值观念与行为取向。南宋时期，永康学派的代表人物陈亮曾大胆地提出了倡导功利、注重工商的新思想，对传统抑商理论的否定和对传统商业文化的一种全新整合成为浙商、婺商的重要思想源流。因此，东阳人到外地经商取得成功后，就会回到家乡置地建房。一般来说，东阳人喜欢一个家族居住在一起，往往一个村庄只有一个姓氏，每个村庄都建有祠堂，"四世同堂"的大家族成为人们的普遍追求。随着家族人口的增加和家族势力的不断壮大，东阳逐渐出现许多以姓氏为主的千户以上的大村落，比如魏山、蔡宅、黄田畈、卢宅、郭宅、李宅等。在房屋建筑上逐渐形成了具有东阳特色的民居建筑，他们将堂屋、阶沿和门堂结合起来，展现了东阳特有的建筑风格。东阳北后周肇庆堂就建于明代弘治、正德年间。家族内部秉持着"亲亲""尊尊"的理念，重视亲情，讲究尊卑有序，经常组织祭祀祖先、家谱、家规等传统活动，以传承优良的家风，缅怀家族先人，尤其重视家庭和邻里之间的和睦关系，同时弘扬尊老爱幼的传统。南马安恬的广达堂和懋德堂、史家庄的叶氏花厅等，其主人都是在外经商的火腿商老板，事业有成之后，邀请本地师傅建筑房舍。东阳的工匠师傅经过长期实践积累的丰富经验和精湛的技艺水平为东阳工匠走出东阳谋生、发展奠定了坚实的基础。

（二）东阳木雕艺人走出东阳

从唐朝起至民国时期，水路交通在促进婺州商业发展中起着十分关键的作用，在一定程度上扩大了他们交易的市场。婺州占据十分重要的地理位置，素有"六水之腰""七省通衢"的称呼，金华港连接着东阳、义乌、永康、武义各地区，八婺大地拥有纵横交错的河流，比如兰江、衢江、婺江、义乌江、永康江。优越的地理位置以及四通八达的交通，为婺州经济的发展提供了必要条件。可以说有水就有市，这些地理优势为东阳木雕走出东阳提供了便利条件。特别是沿着新安江到徽州的这些古村落建筑，很多是出自东阳工匠之手，有的是东阳工匠后人之手。明清时代，徽商称雄商界长达两三百年。明代谢肇淛《五杂俎》云："富室之称雄者,江南则推新安,江北则推山右。"①明代中叶以后,富商大贾不断涌现,清代垄断盐经营的徽商竟然富得可以先后接待清朝皇帝康熙、乾隆南巡,支援左宗棠平定新疆。再加上徽商是官、贾、儒三位一体,为荣宗光祖、炫耀乡里,购置土地,大兴土木,建筑豪华的住宅、园林、书院、祠社、学校等。徽州本身没有这方面的能力,因明清徽商、婺商交往较多,水路方便,同时"东阳帮"工匠也要外出谋生,徽州基本上都是邀请东阳师傅为其建筑房屋。

据东阳籍古建专家王仲奋先生考察徽州屯溪时结识的一位徽学专家说:"'东阳帮'在皖南很有名气。工匠中木、石、雕等工种配套,人员多少根据活量随时调配。多数采用由业主供饭、按工结算工钱的方式。东阳人技艺高,业主都愿请东阳师傅。七八十岁的老人都了解,徽州地区的主要建筑都是'东阳帮'所建。独身工匠中有的在这里落户成家。本地的木匠、雕花匠很多都是'东阳帮'的后代或徒弟。"②婺源县的一个冯姓村落,就是东阳黄田畈村一个姓冯的木雕师傅的后代聚居而成,族长冯邵明家还保存着其祖先从东阳带来的纸张和已发黄的家谱。虽然徽州自认为有"徽派木雕",但很多史料与当地老人代代流传的说法足以证明,徽州的建筑、木雕都是由"东阳帮"建造的,其外形、结构、用材、工程做法,以及雕刻图案的设计、刀工技法、雕饰部位、题材内容等,与东阳木雕完全一样,属于东阳木雕的范畴。

东阳周边较有名气的古村落武义俞源、郭洞村的很多建筑都是出自东阳人之手。楼庆西等人所著的《浙江民居》一书记载:郭洞村有一位远近闻名的木匠楼伟德,出身木工世家,曾祖父是来郭洞谋生的东阳木匠,生了三子,一子留郭洞为楼林发,楼林发又生了三子,一子留郭洞为楼尚有,精于小木作,精雕刻,为楼伟德之父。东阳是全国有名的木雕之乡,东阳、武义地区贴近,加上家族的世袭,楼氏一门的木工、雕刻手艺属东阳体系无疑。根据《武义文史资料》的相关内容的记载:万花花厅兴建于1906年,坐落于俞源下宅上桥头,面积可达3000平方米,历时六年才竣工。由于整座建筑装饰着精美的艺术雕刻,花纹繁多、错落有致,给人以强烈的视觉冲击,因此被誉为"万花花厅"。大厅的梁楣雕刻精美,内容丰富,涵盖了各种人物故事,比如"八仙过海""天官赐福""三国演义"

---

① 谢肇淛.五杂俎[M].北京:中华书局,1959.
② 蒋必森.东阳人在北京[M].北京:新华出版社,2008.

等,门窗、栏杆、雀替等部件也雕刻了各种花鸟鱼虫等元素,四周还点缀着花卉。建筑雕刻内容之丰富,令人感到惊奇,可以说包含了世间所有的草木花卉,无论多么微小或瑰丽的植物,都被刻画得栩栩如生。就连牛腿上雕刻的狮子捧着的球都十分精致,球是多层空心花球,其巧妙的设计和精湛的技术令人叹为观止。这是从东阳请来的一帮师傅,耗时6年完成的,花厅雕刻为武义之最,可惜于1942年7月19日被日军烧毁。

通过整理境外史料得出,由东阳工匠建造的现存代表建筑有义乌的功臣第、种德堂、诸暨的边氏祠堂、斯宅千柱屋、嵊州长乐镇的钱氏大新屋、慈溪上虞的曹娥庙、浦江的九世同堂、绍兴的舜王庙、建德新叶古村、兰溪的钟瑞堂、杭州的胡庆余堂等。

(三)东阳木雕艺人进故宫

东阳木雕进故宫,是指南宋以来负有盛名的"东阳帮"建筑群体中,以装修木匠(小木)和雕花匠为主的工匠队伍进入北京紫禁城修缮宫殿。自明永乐初开始就有木雕艺人进京雕制宫灯;清朝乾隆以后,有400多名"东阳帮"工匠参与修缮过故宫。

"东阳帮"进京的工匠具体承担以下几个方面的工作:

1. 建筑装修

故宫的门窗等装修方式与东阳民居的做法有异曲同工之妙,只是材料、规格和尺寸上有所不同。因为官式建筑尤其是皇家建筑规模远大于民居建筑。故宫在门窗的结构、纹样、雕刻和门闩设计样式和风格上也与东阳民居有相同之处。这足以说明,北京故宫的装饰很大程度上受到了东阳民间风格的影响。

2. 雕刻家具陈设品

清朝时期,东阳地区逐渐流行"十里红妆",东阳朱金木雕家具及其陈设品因其"七分雕三分漆"的特点越来越受到老百姓的喜欢,人们纷纷购买。故宫除了皇帝的宝座,其他家具比如案几、屏风、太师椅等在东阳地区十分常见,它们在材质和形状上几乎和宫内的一模一样,甚至有些家具比皇宫内的还要精致,比如"千工床""万工床""百工箱柜"。

3. 雕制宫灯

"宫灯"的由来要追溯到明朝永乐年间，朝廷命令东阳木雕工匠进京雕制照明灯，作为宫中之灯。宫灯形状各异，最常见的是六角双层，八角形和花篮形也比较常见，包括木雕灯架、灯衣、蜡台、挂钩和彩穗这几个部件。现在保留下来的宫灯，就其形状、雕刻工艺和风格来说，与东阳明清时期的作品如出一辙，卢宅肃雍堂的大堂灯就是很好的例子。

4. 雕制宗教用品

北京雍和宫内的佛像和礼器，除了金银制品，还有很多木雕制品。经过有关专家研究发现，宫内很多雕制的宗教用品比如佛龛、香案、暗八仙等，其雕刻形状和风格与东阳木雕皆有相似之处。20世纪80年代，出于修缮需要，雍和宫内各种物品找不到修复之人，结果东阳木雕艺人一接手，便取得了不错的效果，虽然是仿制品，但是与原物几乎一模一样。这正是由于当时宫内很多物品多是出于东阳木雕艺人之手。这也说明东阳木雕受到了当时各个阶层人们的喜欢，艺术价值极高。皇家的青睐，促使东阳木雕逐渐繁荣起来。

东阳木雕虽然产生、发展于东阳地区，但是其发展势头已经延伸至全世界，并取得了卓越的成绩。就像《明清民居木雕精粹》所描述的那样："东阳木雕，以其高超的雕技、多样的形式，朴茂清新，俗中见雅，素享盛名，历久不衰，从而早已越出了地域的范围，而成为中国民间木雕艺术的经典之作，堪称一绝。"[1] 由此可见，东阳木雕在建筑装饰领域已经突破地域限制，逐渐向浙江省以及周围地区发展。江西婺源和皖南徽州地区保留下来的"徽州木雕"和"徽派建筑"实际上都出自明清时期"东阳帮"工匠之手。新加坡华裔刘奇俊所著《中国古木雕艺术》中说："苏州东山镇的雕花楼，同里的退思园，吴县（已撤销）的建筑木雕也都是东阳木雕。"[2] 19世纪末，东阳木雕家具以及各种陈设物品就已经走出国门。东阳木雕现在已经销往世界各地，木雕的"商文化"得到了广泛的传播，影响范围越来越广。2014年，东阳被称为"世界木雕之都"，可见东阳木雕一直走在世界的前列，引领着世界木雕工艺的发展。

---

[1] 周君言. 明清民居木雕精粹[M]. 上海：上海古籍出版社，1998.
[2] 刘奇俊. 中国木雕艺术[M]. 北京：艺术家出版社，1988.

第四节　明清时期东阳木雕装饰图案

东阳木雕作为建筑装饰的重要部分，在明清时期红极一时，发展十分繁荣，受到了豪商巨贾的喜欢。在地域文化的深刻影响下，东阳木雕逐渐形成了完整且独特的装饰工艺，同时建筑装饰的等级也更加鲜明。装饰必有图，有图必有意，有意必吉祥，内涵极其丰富，凸显出中华民族的智慧美和朴素美。木雕装饰基本依附在建筑物上，是东阳木雕艺术中的精华部分，独特的雕刻技艺和散点透视的构图方法，决定了表现题材具有广泛性与象征性。其表现手法运用象形、借代、会意、隐喻、谐音等，从楼台、山水、动物、植物、花卉、人物、故事、神话、民俗、农事、书画中广泛选取题材。建于清光绪九年（1883）的涵清阁，一层牛腿饰以一组刘海图案，中层、上层饰以草龙图案，四面设槅扇窗，木雕饰彩绘。"东阳帮"木雕工匠常选择贴近百姓日常生活生产、心理需求的素材，以朴素的语言表达人们对生命价值的思考、对家族兴旺的期盼、对富裕美满生活的向往以及自身社会地位的追求，以满足人们的精神追求。

一、展现楼台山水

唐代诗人张旭曾作《山中留客》一诗："山光物态弄春晖，莫为轻阴便拟归。纵使晴明无雨色，入云深处亦沾衣。"山河大地之间，草木丛林郁郁葱葱，青翠欲滴的新枝，迎风招展的山花，林荫百鸟的鸣唱，奔流不息的淙淙流水。一泉一石，一草一木，无不引人入胜，光彩焕发，都是古时文人循迹山林、安享晚年的最佳去处。同时，也有很多人为俗世纷繁所困，为了寻求内心的安宁，喜欢背上行囊，将自己遣送到深山老林，仿佛越是偏远，越是人迹罕至的地方，就越令人向往。"一花一世界，一叶一菩提"[①]，古时木雕工匠把人们这种对大自然的向往经过艺术加工引入建筑室内，使人们时刻感受仿佛将身心流放到千山万水中，日出而作，日落而息的自然生活场景。

---

① 贾玉亭.心语新语[M].长春：吉林大学出版社，2020.

（一）亭台楼阁

古时东阳隶属吴越地区，是文人墨客聚集之地，依山傍水、茂林修竹。人至山水处，寄情山水间。东阳的木雕工匠为实现这一目标，把对自然山水的向往雕刻到建筑部件上，再现山水诗画中的场景。亭、台、楼、阁、桥、榭等建筑物是山水纹样中常见的装饰主体。这些建筑物的雕刻，凸显形体的美观玲珑，结构表达简练，相互穿插，错落有致，形成美妙的韵律。南马存义堂内的荷包梁，整体效果宛如一个书卷轴造型的山间问道图。中心位置是一牧童骑着一头牛，边上卧着一小牛，牛的耳朵、嘴巴及所有人的嘴巴都涂抹着红色；左边一人仰头眺望，一人撑着雨伞，有向牧童问道之意；远处的亭内两人翘首以盼，树木、山峰处理较为简单。山水纹样中包含蜿蜒的溪流、静谧的池塘、湍急的河流、宽广的湖泊等各种类型的水体，以及高山、丘陵、山谷等不同的地势。这些自然风貌构成了山水纹样的必要元素。植物是山水纹样中不可或缺的组成部分，山水纹样中通常配以较为高大的乔木，如松、杉、柳、柏、桐以及大型草本植物、水生植物，如荷、芭蕉等。植物作为山水纹样配景，描绘较为概括，主要通过对树叶形态的刻画来表现树木的特征，除去了卷、曲、残、散的自然形态，是一种理想状态的图示化表现。

（二）自然景观

自然景观受人类活动的影响较小，呈现出的基本是大自然的本来面貌，极地、高山、荒漠、沼泽、热带雨林等都属于自然景观。工匠充分发挥想象力，创造出十分壮丽的画面。他们将各地的自然景观通过艺术的手法汇聚到一处，使宅主足不出户即可欣赏到绚丽的风景。山水装饰构图精美，如马上桥花厅厢房的牛腿的中心，采用一个树叶状造型，树如房高，远近景层次分明，有的横架于溪流之上，尽显江南建筑的秀美。

山水纹样写意重于形式，因而对于山川的描绘是抓住主要特征，图样上的比例和构图与同时代的绘画相似，可见山水纹样也受到明清时期文人画的影响。山水风景纹样大多雕刻于门窗、槅扇以及绦环板位置。马上桥花厅厢房上的山水绦环板，其平面的性质更加突出，因而与绘画有着共通之处。与山水画一样，山水图样并不从特定的透视角度刻画空间，而是把握自然的内在节奏。从山水画的造景来说，作画但须顾气势轮廓，不必求好景，亦不必拘旧稿。明清建筑中山水纹样的美是整体的，是经过抽象化与符号化的产物。与文人画不同的是，山水画多讲究上部留白，而山水纹饰中的远山通常占据画面上部的一角，整体构图饱满。山水风景纹样同时是对诗情画意的抒发，在有限的装饰面积上创造出无限的诗意。马上桥花厅厢房上的一组山水雀替，观赏此图，使人将自身完全投入自然的怀抱中，享受畅游于高山大川间的自由畅快，传达了宅主对大自然的向往之情。

（三）人文景观

人文景观又叫文化景观，受人类活动的影响较大，自然面貌发生了较大的改变，比如园林建筑、历史遗址等。人文景观虽然是人类活动的结果，但是我们必须尊重自然的发展规律，在此基础上进行改造和管理，才能取得良好的效果。东阳木雕的鲜明特色在于多以人文景观作为雕刻素材，尤其是在建筑部件装饰及门窗的绦环板上加入了具有东阳地方色彩的风景雕刻。寿塔村的乐善堂就是其中的代表。乐善堂兴建于清朝咸丰年间，建筑装饰颠覆了以往的传统，对建筑中所有的木质门窗都进行了精雕细刻，工艺十分精湛，就连装饰木板门的锁腰板设计都独具匠心，图案新奇，折射出人们对大自然以及日常生活的观察和思考。雕刻的内容生动地再现了东阳本地的各种景点，选取了从寿塔头到义乌东阳江桥的沿途风光。每块木板都有固定的尺寸，长31厘米、宽13厘米，分别雕刻了12个景点的风光，真实地还原了150年前东阳地区的自然风光和民俗风貌，既具有自然之美，又有浓重的人文色彩和时代特征。

二、寄情动物、植物

东阳木雕还常常以动植物为题材，赋予其美好吉祥的寓意。尤其是明清时期，人们在木雕创作中常常出现动植物，因其与人们的生活紧密联系，因此逐渐受到人们的青睐。在古民居建筑装饰中，"吉祥喜庆"一直是一个经久不衰的主题。人们相信幸运之人会得到好报。从现存的古民居木雕装饰题材内容上看，"吉祥喜庆"是一个永恒的主题，反映了人们对美好事物的追求和向往。木雕装饰以不同的形式和内容，表达着人们内心对"吉祥"的向往。东阳木雕大师以高超的技艺，将大自然中的动物与植物雕刻得栩栩如生，并将吉祥如意的美好愿望注入其中，使它们具有深厚的文化内涵。

（一）动物题材

明清时期，东阳木雕常用的动物题材有龙、凤、鹿、鹤、狮、麒麟、大象、鱼、蝙蝠、喜鹊等，东阳工匠用蝙蝠、鹿、神兽（寿星）、喜鹊组成了"福禄寿喜"；鹤为仙禽，鹿为瑞兽，它们组成了鹤鹿同春，表达了人们向往国泰民安、一切吉祥如意的美好愿望。

鹿取"禄"的谐音，代表着财富和福气。在古人眼中，鹿也是一种美好的动物，意味着幸福和长寿。因此在东阳木雕的装饰中，鹿是常用的动物题材，最常见于牛腿的装饰中，南马前宅恭寿堂鹿衔灵芝木雕就是典型的代表。根据东阳现存的古代民居可以看出，东阳木雕中鹿的形象十分丰富，有与寿星同行的鹿、口含灵芝的鹿、与鹤同行的鹿……

鸡与吉谐音，其冠火红，象征吉祥；又"冠"与"官"谐音，是升官、飞黄腾达的标志，因此，在明清时期，东阳常以"吉""吉祥""吉祥富贵""加官晋级""年年大吉"为题，展示于牛腿、裙板上。

麒麟也是东阳明清时期民居木雕装饰图案常见的题材，有麒麟祥瑞之意，多见于锁腰板、裙板及牛腿之上。

在古民居木雕装饰图案中，龙、凤也是人们喜闻乐见的装饰题材。龙纹装饰并不象征帝王，造型都被简化，有的饰以植物草叶，借此以示吉祥。东阳木雕艺人虽不敢将帝王宫殿有关龙的装饰照搬到民间，但做了变形的无角螭龙、有角虬龙、未升天的蟠龙、戏水的蛟龙、拐子龙、草龙等，在东阳民居的装饰件中随处可见。东阳民居所雕的龙爪多为四爪，而不是五爪。因古有"五爪为龙，四爪为蟒"之说。如同大臣穿的是蟒袍，帝王穿的是龙袍，并不犯忌。雕龙最多的部位是拼斗的槅心、天头，明代前的雀替、庙宇的龙柱、家具及宫灯。如磐安"钟英堂"共雕有上百条龙，有鱼龙、草龙、团龙等。凤，又称凤凰，民间视为"四灵"之一是神鸟，是美好吉祥的象征。它能给人带来幸福、和平、吉祥、如意。东阳民间所雕的凤，多以"百鸟朝凤""朝阳凤鸣""吹箫引凤""凤戏牡丹"为题，一般用于牛腿、梁枋、轩顶天花及条屏、屏风、花床、花橱、台灯、梳妆台、脸盆架等家居装饰。其抽象图案也应用于槅扇天头、漏窗的锯空雕中。

喜鹊也是明清时期东阳木雕常雕刻的动物之一，民间俗语"喜鹊喳喳叫，定有喜事到"。七月初七，喜鹊为牛郎织女搭桥相会，是慈善之鸟，人们认为它有感应预兆的神异功能。东阳木雕艺人常将"喜鹊登梅""鹊桥相会""喜上眉梢""欢天喜地""喜报频传"等主题，雕于窗花心、绦环板、裙板或床、台屏、挂屏上，这在东阳南乡较为常见，展现一定的地域性。画溪村的一些古建筑木雕装饰还有一个鲜明的特点，雕刻的动物基本上都成双成对，体现了古时的婚姻观，夫妻和睦，白头偕老，幸福美满。

其他吉祥动物还有羊、马、虎、猴、豹、犬、松鼠、鸳鸯、绶带鸟、金鱼、蟾蜍等。每种动物都有一定的图案寓意。在慎修堂的"忠义信孝"檐檩中，狗是义的代表，忠则为马，信则为虎，孝则为羊。

（二）植物题材

明清时期东阳木雕中的植物题材主要是梅、兰、竹、菊、松、荷花、石榴、牡丹、水仙花等。

牡丹是花中之王，象征富贵，凤戏牡丹，喻意富贵吉祥。东阳木雕艺人在牡丹图案中配以其他花木或器物，组合出几十种寓意吉祥语，如"富贵平安""玉堂富贵""富贵满堂""荣华富贵""吉祥富贵""富贵有余""富贵三多""凤戏牡丹"等，一般雕刻于牛腿、雀替、琴枋等构件上。

松、竹、梅、兰、菊因风格气质高洁，而备受青睐，在民间槅窗应用很多。工匠常将其单雕于槅扇的裙板、花心，或与鹤等动物搭配雕刻，但更多的是组合雕：把松、竹、梅组成"岁寒三友"；在三友的基础上加上兰花，就成了"四友图"；把梅、兰、竹、菊组成"四君子"。木雕艺人把这些花木人格化，借它们的挺拔刚直、傲霜耐寒等自然寄情，以标榜主人坚贞、高洁的气质和情操，象征人格楷模。这些花木大多雕于槅扇、屏风、挂屏、花橱等。

灵芝为神话故事中的仙草，有起死回生之效，工匠经常把牛腿雕刻成一只口含灵芝的梅花鹿，也有将其雕刻在琴枋、梁枋上的，或挂屏上雕"白娘子盗仙草"。

水仙有冰清玉洁的"凌波仙子"之说，常把它作为花鸟条屏、雀替上的题材或家居中的配景。由柏树、柿子、如意或灵芝组成图案，寓意百事如意。

由佛手、桃子、石榴组成福寿"三多",喻意多福、多寿、多子多孙。这类题材在民间的一些古民居木雕装饰图案中运用很多。桃子、佛手寓意为福,瓶表示为平安,橘、戟表吉祥。镂空雕格扇门卷草花鸟吉祥图是目前所留下较多的装饰木雕图案。

在明清时期的东阳木雕图案中,瓜果蔬菜也是一大创意。如金华侍王府的8个梁下雀替就用了日常生活中多见的8种瓜果蔬菜,南瓜、豆荚、冬瓜等。南马一座建于清末的十三间头,在窗户上采用了丝瓜、南瓜等蔬菜题材,蔬菜部分浅浮雕,四周都用镂空雕。有以芍药、踯躅、寒菊、山茶为四季花的,更有用花的月历(一月梅花、二月杏花、三月桃花、四月蔷薇、五月石榴、六月荷花、七月凤仙、八月桂花、九月菊花、十月芙蓉、十一月水仙、十二月蜡梅)来记载开工和竣工月份的。

三、采用历史典故

历史典故蕴含着民族文化。东阳古民居中的一幅木雕作品就是一个故事,很多故事都是以戏曲的形式表现出来。戏曲因场面生动且妇孺皆知,在农耕社会,常常成为工匠们争相采用的重要题材。它不仅能体现民间艺人的创作技巧,还是向大众推广民间工艺美术的窗口,更是传播传统文化的重要平台。木雕艺人一般倾向于从历史剧、道德剧、时代剧、婚恋剧、文人剧中汲取养分。木雕装饰中的人物和故事不是随意选择的,而是经过房子主人和雕刻工匠深思熟虑后选择的,其背后具有深刻的文化内涵和教化意义。东阳木雕艺人赋予木雕鲜活的生命,仿佛每个作品都会开口说话,反映了时代特点和人们的思想观念,极具艺术价值。尤其是历史典故,不仅具有很好的教育意义,而且感染力强,仿佛带人们穿越到了那个时代。工匠在古民居的雀替、绦环板、牛腿、枋、窗格心等部件上花费了大量的心思,展示了高超的木雕技艺。

(一)戏剧人物方面的题材

戏曲形成于宋时温州,东阳比邻于温州。明清两代,戏曲成为上至朝臣、下至黎民都喜欢的一种大众艺术。统治阶级也意识到戏曲有厚风俗、敦人心的文化影响,对社会稳定也起着关键的作用。在如此有利的戏曲环境下,戏文木雕得以孕育、衍生和发展。古时东阳人民生活条件差，很多人是由于生活所迫从事木雕技艺。工匠大多家贫，读不起书，为了提高雕刻人物的水平，他们去看戏，将戏台上人物造型、穿戴、动作、场景及道具牢记于心。戏台上的人时而握拳眦目，时而迷离仙境，世事沉浮、人生五味尽集于此，令观者莫不动容。这种心灵震撼和视觉享受促使戏曲常年不衰。也有东家特意请戏班子演戏，让工匠晚上看戏、白天做活，把戏文逐一雕刻出来。据不完全统计，东阳境内现存的木雕古建筑中，绝大多数古建筑构件上装饰有戏曲题材的雕刻。如建于清嘉庆年间的厦程里慎德堂，为程氏十八世孙春畬公修建，恰遇木雕与戏曲表演盛行装饰。同时春畬公有意让木雕装饰有新意且有赏戏之好，遂在房屋建造竣工之时，请来江南戏班演戏十天十夜。木雕工匠根据戏剧情节构思创作上百幅木雕精品，历时十年。木雕所饰戏文，很多都是历史戏曲剧目中的不朽之作。与程公的文化理想和审美趣味相契合。不管是戏曲木雕的创作者，还是作为欣赏主体的策划者，都沉浸于戏曲的声色之娱中，将戏曲木雕推向艺术高峰。一外一内，一动一静，使得明清时期的东阳木雕题材更为戏剧化，人物造型和构图布景明显脸谱化。

　　戏曲"合珠记"的木雕装饰刻在清嘉庆年间的东阳厦程里慎德堂，分为四个场景。北宋年间，洛阳高文举贫困，富翁王百万以女王金贞配之。高文举进京高中状元，温丞相欲招高文举为婿，假冒高文举笔迹写休书，并多番加害高文举之妻王金贞。温氏将她剪发剥鞋，令其执浇花扫地之役。王金贞得一老仆之助，向高文举进点心。高文举食之，觉味是王金贞所制，又于盒中发现半颗珍珠，知是王金贞之物。高文举重遇王金贞，教王金贞向包公告状，以白纸代替状纸，表示有诉不尽的冤情。包公替两人申冤，高文举、王金贞终夫妇团圆。牛腿左上方，一男一女衣着朴素，应为两人喜结良缘之际。牛腿右上方，老者位于正中，气度雍容，身边有一青年男子应为状元高文举，身着官袍，头戴花翎，似无奈之状与宰相之女成婚。牛腿中部人物应为高文举与王百万。牛腿下部，一女执帚扫地，一状元郎与之对视，应为高中状元的高文举与上京寻夫被温氏遣去执役的王金贞。

　　清嘉庆年间的东阳厦程里慎德堂的牛腿上刻有戏曲"珍珠塔"，讲述的是相国之孙方卿因家道中落，去襄阳向姑母借贷，反受奚落。表姐陈翠娥赠传世之宝珍珠塔，助他读书。后方卿高中状元，告假完婚，先扮作道士，以唱道情羞讽其姑，而后与陈翠娥结亲。该故事讽刺刻薄势利小人入骨三分，动人心魄，盛演不绝。牛腿右上方，陈翠娥将传世之宝珍珠塔赠予方卿；牛腿中部，方卿肩背木剑，扮成道士模样，乔装再到陈府，以唱道情见姑母；左上方，头戴花翎状元郎会见姑夫与表姐翠娥，陈父站于中间，翠娥侧脸微笑，下方两人喜结连理。这一故事情节通过四幕场景交代清楚。这种以流动画面展现典型场景的串联形式，极大地丰富了木雕艺术的表现力。创作者选择静止时刻来反映运动过程，准确抓住动作的过渡状态，通过人物的表情、肢体语言、服饰道具、背景环境的相应转换，为观者营造出想象空间，从观者角度实现了良好的可阅读性和可理解性。

从戏文故事本身的情节内容来看，可以选用的题材丰富多样，取之不尽，如《三娘教子》《白兔记》《百里负米》《合珠记》《梁祝》《西厢记》《琵琶记》《珍珠塔》《庵堂认母》等。其中大部分都是雕刻正义、正面的人物，故事情节也极具教育意义。南马"达德堂"、虎鹿"尊行堂"和"慎修堂"都是戏雕的典范。其中有宋代南戏遗响《渭水访贤》（"前鹿台"的一折）、《米兰敲窗》（"合珠记"的一折）、《推车接父》（"芦花记"的一折）；有明清传奇昆曲《闯王进京》（"铁冠图"的一折）、《三教娘子》（"双官诰"的一折）；也有地方时尚乱弹《二堂舍子》（"宝莲灯"的一折）、《三官清》《玉蜻蜓》；还有徽戏《回龙图》的"抛绣球"、《二进宫》的"杨波抱太子"等。剧种、剧目之多，戏雕技艺之高，被当地民众誉为"观听一日，说戏一年"的好游处，从屋架、顶面到门窗，都是经过精雕细刻的。

（二）忠君爱国方面的题材

忠君爱国方面的题材，主要以两种形式出现在木雕上：一种是以戏曲故事的形式呈现，另一种是以人物或历史场景呈现。东阳的传统木结构建筑格局基本由基数间构成"三合院"，以"十三间头"为多。木雕分布也有主从之分、繁简之别，建筑物主轴线上的门、厅、堂位置重要，要求严格。慎德堂后堂的门窗，除裙板，几乎每处都饰雕，每一个人物都栩栩如生。两块绦环板均为三国故事，一块为东吴招亲图，一块为关羽护送刘备夫人图。相比之下，厢房、次间、稍间的雕刻图案则略显简单。大件如牛腿、琴枋、门窗绦环板等，可雕刻宏阔震撼的战争场面；小件如花窗结子上的窈窕仙女或彪悍勇士，重点刻画人物的性情特质。所在部位不同，技法也有区别，题材也要进行相应的调整。以"秦叔宝持锏，尉迟恭握鞭"为例，此二神形象多用作第一间倒座屋、门厅或厅堂檐柱的牛腿装饰，与梁托、厢房门窗等其他构件基本无涉，位置的分布也隐含着一种心理暗示。

关于忠君爱国方面的题材，东阳木雕艺人常常选取一些正直勇敢的历史人物，故事情节反映出积极向上的精神，具有良好的教化作用，《苏武牧羊》《岳家将》《杨家将》就是其中的典型代表。再如厦程里慎德堂和安儒锄经堂都雕刻着岳母刺字的画面。观赏者在欣赏的同时，也能被故事中人物的精神所打动，引发思考，激励他们不断向上，具有很好的教育意义。

"唐三千，宋八百，数不尽的三列国"[①]，三国人物题材深受群众喜爱，屡见不鲜。由于东阳人诚信义气，所以在东阳木雕的选题中，有很多是三国人物故事。如"桃园三结义""刘备托孤""关羽义释黄忠""张翼德智擒严颜""三英战吕布""千里走单骑""煮酒论英雄""三顾茅庐""草船借箭""火烧赤壁""空城计""辕门射戟"等，或雕刻单人，或雕刻群英，大部分雕刻在牛腿、琴枋、雀替、壁挂、花橱、屏风及门窗之格扇花心上。这些人物故事都注入了屋主与木雕技师的理想、情操及希望。如巍山五份头建筑，建于清嘉庆年间，其中两个"十三间头"雕有《三国演义》故事内容。厦程里的慎德堂雕刻于清中期的浅浮雕门绦环板"长坂坡图""曹操说关羽降魏图"，雕工精细，再现了当年之情景。白坦二村务本堂、李宅的一幢清末的民居内都有三国人物的题材。马上桥花厅、南马存义堂也雕有三国场景。安儒锄经堂雕有空城计琴枋，为诸葛亮正坐城楼上弹琴，一副从容淡定的气派，城门大开，一人扫地模样，城楼下司马懿望着敞开的大门，徘徊不前，其疑惑不决的神情被刻画得入木三分。

明清时期，东阳木雕作品中也包含了很多历史典故，其中不乏赞美女性的题材，常见的巾帼英雄有花木兰、梁红玉、杨八姐以及穆桂英等，木雕生动地刻画了女性的英勇行为。除此之外，包公和《水浒传》中的108位好汉也成为东阳木雕艺人常用的素材。东阳地区还盛行一种风俗，即对家具进行雕刻装饰，主要用于婚嫁等场合。例如，在大型花橱的堂板上雕刻各种类型的故事，一堂一事，四块堂板即为一个完整的故事。

（三）文人学士、美人方面的题材

东阳人自古以来学风笃厚，具有尊师重道的优良传统，曾涌现出像冯宿、乔

---

① 李世英. 中国戏曲艺术思想史[M]. 北京：人民文学出版社，2015.

行简、张国维、邵飘萍等大量名人义士。东阳马生治学风范感人肺腑，成为东阳人勤学苦读的代名词。所以，文人学士也是明清时期东阳木雕技师们常用的题材，以示励志。如"竹林七贤"指魏晋期间的7个文人名士，即嵇康、阮籍、山涛、向秀、阮咸、王戎、刘伶。七人互为好友，常游于竹林之间，因此号称"七贤"。嵇康、阮籍两人神交契合，以白眼看俗士，行为狂放不羁，蔑视礼教，崇尚老庄，嗜酒谈玄，在文学兴盛的东晋时期，他们是士族知识分子所追求的理想人格，是士人们的楷模。东阳艺人们常将其雕刻于格扇门锁腰板及案桌、衣橱之上，反映出房主的儒人心态与商贾富豪的附儒心态。七贤的风度与气质适合用木雕来表现。同时，适合单雕与群雕的文人学士还有孔子、屈原等。中国古代"四大美人"——西施、貂蝉、王昭君、杨玉环，貌若天仙，又具抱负，成为中国美人的象征。爱美之心，人皆有之，达官显贵、文人学士又追求完美形象，因此这类题材被雕刻于闺房之中，在一些门窗的格心也有出现，如李宅一民居的门窗格心就是四大美人的造型。《红楼梦》中十二金钗人物，也在东阳的民居中出现过。

四、描绘神话故事

神话故事的产生表现了古代人民对自然力的抗争和对理想的追求。它是一种精神寄托、人类的向往和宗教的展现，包括神鬼的故事和神（鬼）化的英雄传说。神话故事具有浓重的神秘奇幻色彩，通常是人们不切实际的想象。神话故事中的人物往往具有常人所不具备的超凡能力，是人们对理想生活和美好愿景的反映。明清时期的东阳木雕作品描绘了许多神话故事中的角色，这些角色常常被赋予神奇的力量，不过有时也会遭遇困境和不幸。在封建社会，东阳地区的人们生活水平较低，为了摆脱贫穷，男性外出谋生，女性则照顾家庭。在这样艰苦的环境下，人们的精神和情感就寄托在了一些神话与宗教人物上，祈求他们保佑自己的家人平安健康，生活富足美满。

（一）八仙题材

从现存的明清时期的东阳民居木雕装饰图案来看，神话故事、群仙祝寿等题材占很大比重。如八仙，指道教传说中的八个仙人，最早见于杂剧《争玉板八仙过海》中。相传白云仙长在蓬莱仙岛牡丹盛开时，邀请八仙及五圣共襄盛举。回程时，铁拐李（或吕洞宾）建议不搭船而各自想办法，就是后来"八仙过海、各显神通"①的起源。八仙是元明清时期深受人们崇拜的仙人群体。明代王世贞在《题八仙像后》中指出："以是八公者，老则张，少则蓝、韩，将则钟离，书生则吕，贵则曹，病则李，妇女则何，为各据一端作滑稽观耶。"八仙本是世间凡人，且各个人物特征鲜明：铁拐李，行丐于市，有一铁杖，不屈不挠；汉钟离，辞官退隐，云游四海，惩恶济善，最后得道成仙；张果老倒骑毛驴，隐居炼丹，无心仕途，但精通万法；何仙姑途遇仙人，预知祸福，行动如飞；吕洞宾妇孺皆知，熟读经史，文武皆通；蓝采和夏服絮衫，冬卧冰雪，放荡不羁；韩湘子名门之后，生性放荡，见义勇为；曹国舅，宋朝国舅，遁迹山林，刚正不阿。

明清时期东阳木雕中的八仙造型表现不拘泥于某一形态，八仙千姿百态，各显神通。铁拐李与钟离权皆用手臂撑头而卧；蓝采和双手持花篮，好似一名孩童；吕洞宾头戴纯阳巾，肩背宝剑，双目炯炯有神地望向远方；韩湘子手握横笛。八位仙人从面部神态到服饰法器，线条刻画流畅自然，雕工精细，人物可谓惟妙惟肖。张果老与何仙姑皆做喜笑状，张果老面部皱纹刻画得非常精细，其姿态佝偻，显然精神抖擞的"老顽童"，且两位衣饰下衣皱的线条力度把握得当、深浅有度，使人物更加活灵活现。

卢宅古建筑群的一组绦环板上面都是八仙浮雕作品。八仙图常常作为床、柜、桌、椅上的雕花或居民建筑楼层上的雕刻图案，装饰性较强。铁拐李骑于祥龙之上，头裹着巾，肩背葫芦，手握拐杖，双目紧闭，但仍可从其面部表情中看出道家仙人正义凛然之感。另一边的钟离权则双目大睁，与前方动物四目相对，他蒲扇高举过头，自信满满，似有将其降服之意。

在王百朋故居中有一门窗八仙格心，蓝采和、何仙姑与吕洞宾皆神态祥和，祥云飞起，好似仙人飘带，更显道骨仙风。另外，这组木雕中，何仙姑头裹着巾的，并未露出其发际，好似一个年过半百的妇人。八仙姿态各异，好似在劳作，又似在休闲娱乐。这也是木雕艺术的巧妙之处。人们希望借助所刻画的图案，来表现普遍的心态与日常的生活，同时也表达出对各种美好愿望的祈求。

暗八仙由古代传说中的八位道家手中所持的八件宝器组成，分别为芭蕉扇、宝剑、花篮、洞箫、葫芦、渔鼓、玉板、莲花（荷叶）。因在其中未能看到八位仙人，

---

① 耿雨.中国谚语故事[M].长春：吉林文史出版社，2022.

且八仙各自所持器物含有仙法，可驱邪消灾、暗中保护，"暗八仙"之名由此而来。暗八仙寓意吉祥，再加其在造型上独有的装饰意味，经常作为吉祥图案出现在木雕作品中。构成"暗八仙"纹样的元素较多，可以通过变形以及与其他饰物纹样的组合，使暗八仙在形式上更具节奏感和装饰美感。暗八仙图案有简、繁两种造型，简单图案是八件器物配以单层结带或单只花卉，复杂图案则是八件器物配多层次的结带与花卉加以缠绕，将器物与飘带、花卉等吉祥纹样进行组合，使原本单调的器物变得丰富饱满，视觉上更加灵动、栩栩如生。另外，暗八仙还常以海水为背景，八件器物代替八位仙人漂浮于海上，好似"八仙过海"。当暗八仙现于祝寿场景时，常辅以仙桃、祥云、清白长松等祝寿图案，寓意祝寿绵延。八仙故事深入人心，木雕艺人与民心是相通的，几百年来，在建筑的牛腿、格扇门窗的绦环板、裙板、花心上雕刻了大量的"八仙"和"暗八仙"，希望给人们带来好运。卢宅肃雍堂的六扇格扇门绦环板上雕有浅浮雕八仙故事，务本堂的格扇窗上也雕刻有八仙。

（二）神话人物题材

关于木雕的神话人物，运用最多的有刘海、天官、罗汉、钟馗等。这些人们根据不同的建筑结构依附在建筑物上，成为木雕艺术中的精华部分。明清时期的木雕装饰最为精致，传递着某种文化寓意与民俗功用。

刘海与八仙一样，也是喜剧色彩很浓的神仙。在明代《列仙全传》中，刘海为八仙之一。到了《八仙出处东游记传》中，刘海的位置才被张果老顶替。刘海，五代人，曾仕燕主刘守光为相，先遇正阳子点化，辞官寻道，后遇吕纯阳，授以丹道，从此，刘海以钟离权、吕洞宾为师，追随他们遁迹于"道教全真派祖庭"——西安市户县终南山下石井镇阿姑泉欢乐谷。道教大重阳万寿宫内存有刘海蟾诗古碑一通——《十方重阳万寿宫记》。元世祖封刘海为"海蟾明悟弘道真君"。武宗皇帝加封其为"海蟾明悟弘道纯佑帝君"。刘海出家后，取道号"海蟾子"，称为刘海蟾。清朝王韬的《淞滨琐话》中记载："面同满月，眼若明星，只髻簪花，如世间所绘刘海状。"清朝李伯元的《文明小史》第十九回中记载："众人举目看时，只见一个个都是大脚皮鞋，上面剪刘海，下面散腿。"民间传说中，刘海是个仙童，前额垂着短发，手舞一串铜钱，与蟾共耍，是传统文化中的"福神"。金蟾为仙宫灵物，古人以为得之可致富。刘海在雕刻题材中出现频率比较高，通常以"刘海戏金蟾"为题雕于牛腿或刊头上。刘海戏金蟾，步步钓金钱，表示财源广进、大富大贵之意。如义乌黄山八面厅的六只"刘海"木雕牛腿，形态各异。东阳黄田畈蒋氏宗祠的四只牛腿造型抽象，有点扑朔迷离。始建于清宣统元年的陈望道故居的檐下牛腿上，刘海手持法器，瞻望远方等。"刘海戏金蟾"图式的构成，与仙鹤、蝙蝠、仙桃、葫芦、牡丹、莲花、扫把等的组合，体现了特定的主题内涵与文化心理。在图案中，将刘海、金蟾、铜钱、钱串、扫帚等多种图形进行了组合，而每一种图案本身就有背景，组合之后的背景更是韵味深长。

农历正月十五日，谓天官下降赐福，称上元节。天官头戴如意翅丞相帽，五绺长髯，身穿绣龙红袍，扎玉带，怀抱如意，以天古、蝙蝠为主组成图案。"蝠"与"福"同音，借以表达吉祥、天官降福之意。天官是授福禄的神人，天官大帝手执"天官赐福"四字横幅，背靠花团锦簇的"福"字，头顶和脚下有祥云和五只蝙蝠环绕，慈眉悦目，长髯飘洒胸前，一派喜颜悦色雍容华贵之象，象征着"多福多寿"，天官大帝把美好幸福赐予人间。"天官赐福"语出《梁元帝旨要》："上元为天官赐福之辰，中元为地官赦罪之辰，下元为解厄之辰。"① 后来道教又以上元天官正月十五日生，中元地官七月十五日生，下元水官司十月十五日生，届期设斋诵经。明刻《三教搜神大全·卷一·三元大帝》载："上元一品天官赐福紫微帝群，正月十五日诞辰。"② 中国民间则于春节（农历新年）开始，敬天官以盼福音。在明清传统建筑中，牛腿、刊头常有出现，或单个天官或天官身旁有一童子，手捧花瓶，瓶中插有玉兰、牡丹，有玉堂富贵之意；或在周围再配上灵芝、蝙蝠，表达了人们渴望天官赐福、财神送财的愿望。

东方朔作为中国传统文化的寿星，一直被应用于木雕装饰中。史料记载，汉武帝寿辰之日，宫殿前一只黑鸟从天而降，武帝不知其名。东方朔回答说："此为西王母的坐骑'青鸾'，王母即将前来为帝祝寿。"果然，顷刻间，西王母携7枚仙桃飘然而至。西王母除自留两枚仙桃外，余下5枚献与武帝。帝食后欲留核种植。西王母言："此桃三千年一生实，中原地薄，种之不生。"又指东方朔道："他

---

① 王瑛. 中国吉祥图案实用大全[M]. 天津：天津教育出版社，1999.
② 同①.

曾三次偷食我的仙桃。"据此，始有东方朔偷桃之说。东方朔寿命一万八千岁以上而被奉为寿星。后世帝王寿辰，常用东方朔偷桃图庆典。①

通过观察明清时期的东阳民居，可以发现有关麻姑的木雕装饰也有很多。麻姑，麻秋之女也。麻秋为五代后赵将军。麻姑因为百姓得罪父亲，逃入山中。其父放火烧山欲置麻姑于死地。正巧王母路经此地，急忙降下大雨，将火熄灭。王母了解事情始末，对麻姑爱民之心大加赞赏，收其为徒，于山中修炼，名曰麻姑山。麻姑山中有十三泓清泉。麻姑就用此泉之水酿造灵芝酒。十三年酒乃成，麻姑也修道成仙。正值王母寿辰，麻姑就带着灵芝酒前往瑶台为王母祝寿。"麻姑献寿"图常用于祈福祝寿。东阳上安恬村存义堂的牛腿就是麻姑献寿的故事，麻姑持一酒瓶有敬献之状。

有关老子的木雕也是非常多的，传说老子过函谷关之前，关令尹喜见有紫气从东而来，知道将有圣人过关。果然，老子骑着青牛而来。旧时紫气比喻吉祥的征兆。出自《史记·老子韩非列传》："于是老子乃著书上下篇，言道德之意五千余言而去，莫知其所终。"司马贞索隐引汉刘向《列仙传》："老子西游，关令尹喜望见有紫气浮关，而老子果乘青牛而过也。"后遂以"紫气东来"表示祥瑞。"紫气东来"乃"老子出关"时的一大胜景，流传千古，代代传诵。紫气东来，瑶池西望，翩翩青鸟舞前降。黄田畈王坎头人和堂的门窗绦环板雕有"途中问道"图。

钟馗也是明清时期东阳大众喜欢的神话人物，从原来的民间挂画搬进了民居木雕装饰。钟馗，姓钟，名馗，字正南，是中国民间传说中能打鬼驱除邪祟的神。他的主要职能是捉鬼。他铁面虬鬓，相貌奇异，但才华横溢、满腹经纶、学富五车、才高八斗，平素正气浩然，刚直不阿，待人正直。他是万应之神，要福得福，要财得财，有求必应。相传，唐玄宗在一次外出巡游后忽然得了重病，用了许多办法都没治好，皇帝非常着急。一天夜里，他梦见一个穿着红色衣服的小鬼偷走了他的珍宝，皇帝愤怒地斥责小鬼。这时突然出现一个戴着破帽子的大鬼，把小鬼捉住并吃到肚子里。皇帝问他是谁，大鬼回答说："臣本是终南山进士，名叫钟馗，由于皇帝嫌弃我的长相丑陋，决定不录取我，一气之下我就在宫殿的台阶上撞死了，死后我就从事捉鬼的事。""唐玄宗梦醒之后，让当时最有名的画家吴道

---

① 朱文杰.吉祥陕西[M].西安：太白文艺出版社，2015.

子把梦中钟馗的形象画下来，钟馗的形象一直流传至今"。[①] 除了捉鬼，有关钟馗的故事还有很多，如"钟馗嫁妹"等。

此外，明清时期东阳民居装饰木雕中常见的神话故事人物还有"济公""福星""寿星""嫦娥""牛郎织女""白娘子"等。

五、表现民俗风情

民俗风情代表着人们对美好事物的向往。民俗风情与广大人民群众息息相关，是人民一代代继承发展着的文化，反映着人民内心的思想情感和需求，而且具有鲜明的地方特色。东阳地区位于浙江省中部，具有独特的地方文化。东阳木雕装饰涵盖了各种民俗风情的主题和内容，如劳动场景、日常生活、传统节日等，这些作品生动有趣，贴近人们的生产生活。同时为观赏者刻画了春种秋收、渔樵耕读、欢度节日的生产和生活画面，它一方面起到了很好的装饰效果，具有很高的艺术价值，另一方面也反映了人们的思想情感以及对美好生活的憧憬。东阳木雕工匠也和其他工种的工匠一样，都是亦工亦农者。他们对江南农村的生产农作、生活方式非常熟悉，常把自己做过、看过、经历过的生产、生活场景作为雕刻题材。用得最多的有"担柴下山""樵夫稍息""蓑翁钓鱼""撒网捕鱼""耙田插秧""水牛犁田""晒场晒谷""男人筑墙建房""妇女送茶送饭""妇女喂猪""采桑养蚕""缫丝浣纱""纺线织布""苦读诗文""磨墨练字"等，这些题材都具有浓郁的生活气息和地域特色。

（一）日常生活场景方面的选取

浙中地区历史悠久、地域广阔、人口众多。在长期的发展过程中，形成了各市县各自丰富多彩的民俗习惯，有衣、食、住、行方面的，有节庆、礼仪、祭祀方面的，也有婚姻、生育、丧礼方面的。这些风俗已经延续了千百年，深植于人们的心中。生活工作场景更是耐人寻味，体现出一个地域的文化，而且这种文化不是从其他模式照抄照搬而来。清代以来，东阳木雕艺人不断创新木雕的艺术手法，在构图上运用透视关系，精雕细刻，内容丰富且立体感强，注重各种层次间的相互呼应，呈现出写实的雕刻风格。以白坦务本堂的六块锁腰板为例，东阳木

---

① 枣仙儿. 神话传说中的天神地祇 [M]. 北京：北京联合出版公司，2016.

雕艺人采用浅浮雕技法，生动地刻画了人们从事农业劳动的各种场景，有的在平整田地，有的在挑水耕作，有的在采桑养蚕，还有的在收购蚕茧，就连女人为种稻男人送饭的场景都刻画得栩栩如生。"桑茧丝织"夹堂板这组轻薄浮雕作品生动地再现了当时人们养蚕、摘茧、纺丝和织布的过程，场景和动作都十分真实，宛如回到了那个时代。这组作品反映了封建社会"男耕女织"的经济形态，具有浓重的田园色彩，也体现了女性在传统社会分工中的角色。

王坎头村现存的明清古建筑中有很多反映日常生活的，有为田里犁地之人送饭的情景，小溪畔，青石桥，槐树杈上挂着蓑笠帽，粗茶淡饭分外香；也有牛犁在休憩，微张的嘴里似乎还有负荷过重的喘息，"S"形的耳朵、过宽的眉眼距离、棱角分明的脸庞，默默地耕耘，默默地期盼。

始建于光绪年间的位于画溪镇王坎头五村广业堂内的牛气冲天之斗牛图，城门外，两牧童，两头牛，角对角。金华斗牛曾与金华火腿齐名，至今已有千年历史，据《金华县志》所述："斗牛之选养十分讲究，要选颈短、峰高、后身短小，生性凶悍的'黄牯牛'。平时教以斗法，经常训练，使之善斗，基本在农闲时节。"这是一个很典型的生活场景。

白坦三和堂一门窗的绦环板出自唐代诗人杜牧的《清明》。这首诗的开头刻画了清明时节落雨的画面，营造了一种悲伤凄凉的氛围，而后两句诗则将观赏者带出了这种情感氛围，尤其是"牧童遥指杏花村"这一雕刻细节，给观赏者眼前一亮的感觉，让人不禁联想到杏花团簇、酒旗迎风飘扬的画面，别有一番韵味。东阳木雕艺人将这首诗前后鲜明的对比效果呈现出来，先抑后扬，相互呼应，通过生动形象的刻画，深刻地体现了人们对美好生活的向往，也反映出旧时代的人们自给自足的生活方式。

（二）渔、樵、耕、读与"四爱"方面题材

渔、樵、耕、读构成了农耕社会的重要职业，反映了人们的日常生活和谋生手段。东阳木雕艺人大多是底层的劳动人民，虽然清贫，但是他们喜欢自然，有着积极向上的生活态度，向往美好的田园生活，追求自由洒脱的人生。

渔、樵、耕、读可以说代表了农耕时期的四个职业：渔夫、樵夫、农夫和书生。这些人物形象被广泛用于东阳木雕装饰中，在牛腿的装饰中比较常见，也代表着官宦士族对归隐生活的向往。

渔取"余"的谐音，象征着生活幸福、岁岁有余。这种理念常与渴望超脱世俗纷扰的隐居生活相对应，被称为渔隐。

樵取"翘"的谐音，形象地表达出樵夫期待幸运降临的迫切情感。木雕艺人以高超的技艺刻画出人物在衣着、动作、表情等细节方面的特点，表现出劳动人民质朴、善良、乐观的品质。

耕自然是有关种植的农业活动，反映了人们对生活安定富足的愿景。

读就是读书，考取功名，走上仕途。从保留下来的东阳建筑木雕来看，当时很多作品都体现了这一题材，"状元及第""五子登科""范进中举"等都是常见的雕刻内容。"学而优则仕"是封建时期文人的终极目标。"渔、樵、耕、读"逐渐成为东阳木雕艺人的素材库，现存较好的就是白坦福舆堂、务本堂、东阳明清民居博览城中的牛腿，其完整地雕刻了"渔、樵、耕、读"的内容。

"四爱图"的木雕题材具有浓厚的地方民俗风格，其灵感来源于陶渊明的《采菊东篱下》、王羲之独爱兰和鹅、周敦颐的《爱莲说》及林和靖爱梅和鹤。在马上桥花厅的厅廊上有一幅"李白饮酒"小窗花，因清洗触摸和长年日照风蚀，窗花木色和形制都有些改变，但雕刻的神韵犹存：李白拾瓶而坐，半醉半醒，小童添酒，笑容可掬，画面构图妥帖，形态生动，刀法娴熟，方寸之间犹见功夫。"四爱图"具有丰富的文化内涵，可调节浮躁心态。慎修堂的梁下雀替雕有王羲之爱鹅、米芾爱石、林和靖爱鹤，李白爱诗爱酒。怀鲁一民居内的绦环板上就雕有王羲之爱鹅、王羲之爱荷等图案。卢宅肃雍堂的两个额枋中的四个雀替就分别雕有"王羲之品茶图""王羲之赏砚图""王羲之醉酒图""王羲之题扇图"。

六、汇聚抽象图形

抽象图案即装饰性图案。抽象纹样有着悠久的发展历史，也是明清东阳木雕常用的一种装饰题材。因其纹样高度抽象、造型简洁，常与其他各类纹样组合，既有与动物纹样的组合，如云纹与灵兽飞禽组合，营造出羽化成仙之感，也有与植物纹样的组合，如冰裂纹常与梅花组合，营造冰清玉洁的装饰氛围。有时作为其他纹样的底纹，常以带状或面状形式雕刻于建筑的各个部件。抽象纹有图案纹与文字纹两类。

（一）图案纹

图案纹是历代技艺娴熟的东阳木雕艺人根据不同材料、不同部位、不同形状的雕件，在装饰实践中，经长期临场构思，因材施艺而创造积累出来的。它源于自然实物，但装饰性高于实用性。因为它是经过审美提炼、加工整理后的线条图案，是根据装修美学的需要适当简化、规律化、固定化、公式化的经典图案。

从东阳现存的一些作品中可以看出，几何纹样的应用也较为广泛，有如意纹、回纹、水纹、古钱纹、拐子纹、祥云纹、龙草纹等几十种，表现了人们对大自然的一种崇敬。圆形象征太阳，卍字纹象征无限的天地轮回，方胜纹象征同心相和，彼此相通。有些与宗教有着密切的联系，如盘长纹、卍字纹、如意纹以及火焰纹等，都是佛教的代表纹样。火焰纹象征佛法无边，祥光普照；盘长纹象征佛法回环，表达长久永恒之意，又称吉祥结，应用广泛，形式多变。抽象纹样形态比其他类型的纹样简单，在不同的建筑构件上产生了许多变体，形态较为多样，如意纹中就有形似灵芝的灵芝如意纹。如意纹被运用到不同的建筑构件上，常出现在门窗裙板的装饰上。另外，室内家具上也常能看到图案纹。

抽象的倒挂龙牛腿，在明末清初的建筑中使用较为普遍，一般都是双面雕刻，置于厢房檐下空间较多。

在清道光年间建造的防军恕敬堂民居中的一扇窗户上有圆形纹，中间是一个蜘蛛，意为天中集瑞，较为少见。

（二）文字纹

文字纹包括名家书画。书法是我国独有的艺术，和国画一样，也是一种表达精神之美的艺术，特别是名家的书法，更具魅力。东阳木雕艺人常遵从主人的心意爱好，把名家墨迹、纸上艺术搬到建筑装修装饰上，经过工匠的精心雕饰，成为木雕艺术。这不是托裱字画，而是艺术的再创造。这要求工匠用刀上的功夫刻出名家笔上的功夫，同时用自己的刻画技能表达名家的绘画书法技艺，达到原汁原味、不走样的效果，从而使主人、名家满意。现存的木雕实物较多，在东阳、杭州、湖州、建德、徽州、婺源、缙云、金华等地都有，可见东阳木雕高手之多。出现最多的木雕是"梅兰竹菊"四君子画，再配以文字，在清末民初时期，也有雕刻于格窗花心。单字书法用得最多的是福、寿、安、康、吉、祥、官、禄、梅、兰、竹、菊等字，多雕刻于刊头、梁下巴和窗花心，如兰溪诸葛八卦村的檐下牛腿的刊头都雕有单个文字，如"松柏同春"等字。王坎头一清式民居中边房的雀替，其全部使用不同的"寿"字雕刻，字体不一，有"百寿堂"之誉。

综上所述，东阳木雕艺人在构图时花费了大量的时间和精力，赋予每个装饰图案以深刻的文化内涵，同时与装饰部件相得益彰，突出和谐之美。每个装饰图案都具有强烈的感染力，散发着时代气息和地方色彩。每一种装饰纹样都倾注了东阳木雕艺人的心血，是他们通过大量实践不断积累的成果，具有鲜明的地域特征和民族特色。

第三章　北方传统建筑木雕装饰艺术

北方传统建筑木雕装饰艺术源远流长，承载着丰富的历史文化内涵。这种艺术形式不仅在建筑上起到装饰作用，更是传统工艺技艺的体现，展示了当地的民俗风情和审美观念。本章为北方传统建筑木雕装饰艺术，主要介绍了三个方面的内容，依次是北方建筑木雕装饰的主要部件、北方建筑木雕装饰的表现手法、北方建筑木雕装饰的功能。

第一节　北方建筑木雕装饰的主要部件

说起北方建筑木雕，很多人都会有不同的反应。有些人可能会感到陌生，有些人可能会感到诧异，有些人可能会不屑一顾，想必会有更多人感到亲切，其实，这些反应都非常正常。因为人们处于不同的生活区域内，所感受的地域文化不同，对北方建筑木雕的理解和感受不同，所以表现出的反应自然不同。总体而言，很多人对于北方建筑木雕是陌生的。但作者认为，同其他建筑木雕相比，北方建筑木雕具有更为悠久的历史。

北方建筑中的木雕装饰艺术，是建筑的主要艺术特色之一，在其建筑装饰中占有举足轻重的地位。北方建筑均采用传统的方式，即先立柱后上梁，再封砖覆瓦的建筑方式营造，均为木质框架结构，呈典型的封闭式四合院格局，而且每个院落自成单元。在这些建筑中，无论正厅还是厢房，均由檐檩、替木、插板、枋子、栏板、雀替组成了建筑木构件的外露部分，俗称"搭挂"。这一外露部分构件的装饰及其纹饰是木雕艺人们施展才艺、精心雕刻的重要部位，也是这里所要重点介绍的内容。这些构件主要有梁、枋、檩、斗拱、栏板、雀替等。

一、梁

在北方建筑结构中，梁被视为支撑房顶的不可或缺之物。它们以坚固的柱子或墙壁为依托，承担着房屋上方的重量和压力，为整个建筑提供了稳定的支撑。梁的设计和雕饰在建筑中扮演着重要角色，既体现了结构的实用性，又展现了艺术美感。

一般来说，梁的雕饰相对简单且精致。这些装饰通常集中在梁的两端，或沿着梁体的弯曲部分。艺术家运用浮雕、采地雕、线雕等不同手法，将图案和纹饰刻画于梁上，赋予其独特的韵味和气息。这些简洁而精美的装饰，不仅为梁增添了装饰性，也为整个建筑增添了一份优雅和历史沉淀。

一些复杂的梁饰更进一步地展示了工匠的技艺和创造力。除了在两端进行精细的雕饰，这些复杂的梁饰还可能出现在梁的中间部位。由于梁是建筑的承重构件，其设计需要兼顾美感和实用性。因此，即使是复杂的梁饰，在雕刻深度和纹饰复杂度上也会保持简单和朴素，以确保结构的稳固和安全。

在梁的雕饰中，艺术家常常运用各种图案和符号，以展现特定的文化意义或宗教信仰。这些图案可能是植物纹样、几何图案或神话传说中的人物形象，每一种图案都承载着特定的象征意义和历史背景。配上雕饰，梁不仅仅是结构上的支撑，更成为文化与艺术的载体，传承着古代智慧和审美观念。当然，梁的雕饰不仅仅是简单的装饰，更是建筑艺术的重要组成部分。它展现了工匠对细节的关注和对美的追求，赋予了建筑独特的个性和魅力。无论是简单的纹饰还是复杂的图案，梁上的装饰都承载着人们对美好生活的向往和追求，成为建筑中一道独特的风景线。

总的来说，梁作为支撑结构的重要构件，其设计和雕饰既要符合实用性要求，又要体现美学价值。简单而精致的装饰展现了工匠的匠心和技艺，复杂而朴素的设计则体现了工匠对结构稳固和安全的考量。梁上的雕饰不仅仅是一种装饰，更是文化、历史和艺术的结合体，为建筑增添了独特的魅力和韵味。在今天的建筑设计中，我们依然可以看到古老的梁上雕饰，它们仿佛在述说着历史故事，传递着人们对美好生活的追求和向往。

二、枋

枋在北方传统建筑中扮演着极为重要的角色。首先，枋作为柱与梁的连接构件，在支撑建筑结构方面发挥着至关重要的作用。它不仅能够辅助承受梁的重量，还能够增加建筑的稳定性和安全性。枋的设计和制作需要精湛的技艺和丰富的经验，确保其能够承担起支撑建筑的重要任务。同时，枋的形式多样，不同种类的枋在建筑结构中扮演着不同的角色，相互配合，共同构成了完整的建筑体系。其次，枋作为装饰构件，承载着丰富的文化内涵和艺术价值。特别是额枋，作为连接檐柱柱头的构件，往往被用来展示建筑师和木匠的雕刻技艺。额枋的雕饰精美绝伦，采用了多种技法和题材，如浮雕、镂空雕、线雕等，题材涉及历史人物、戏曲故事、祥禽瑞兽、花卉蔓草、云纹、如意等，每一处雕刻都蕴含着深厚的文化底蕴。这些雕刻不仅是建筑的装饰，更是艺术作品，展现出中国传统建筑艺术的独特魅力。最后，枋的多样形式和纹饰展现了中国传统建筑的独特韵味。不同地区、不同朝代的建筑枋都有着各自特色，反映出当时的文化和审美观念。例如，北京的古建筑中常见的金枋，展现了明清时期的建筑风格和雕刻技艺；山西的木构建筑中的脊枋，则展示了当地木雕工艺的精湛技艺。这些不同风格的枋构件共同构成了中国传统建筑的丰富多彩的艺术图景，传承着中华民族悠久的文化传统。

在当代社会，枋这一传统木雕装饰仍在不断创新发展。随着现代建筑风格的不断变革，枋也开始融入新型建筑设计之中，展现出传统与现代的完美结合。一些建筑师和艺术家将传统木雕技艺与现代建筑风格相结合，创造出既具有传统韵味又具有现代气息的枋，为传统文化的传承注入了新的活力。

因此，传承和发扬枋这一传统木雕装饰的精髓，有助于传承中华民族的优秀文化。通过学习和研究枋的历史渊源和艺术价值，可以更好地理解中国传统建筑文化的独特魅力，同时也可以激发人们对传统文化的热爱。枋作为中国传统建筑的重要构件之一，不仅承载着丰富的文化内涵，更是中华优秀传统文化的重要组成部分，应当得到更多人的关注和尊重。

三、檩

在北方的传统木质建筑中，檩作为一种重要的木构件，承载着椽子的重量，连接着相邻的两道梁，为整个建筑结构提供了支撑和稳定。檩不仅可以加固结构，更赋予了建筑美感和艺术价值。檩的设计和雕饰在建筑中具有重要的地位，展现了工匠的智慧和审美观念。

檩通常沿着屋顶从屋脊到屋檐由上而下呈前后对应等距离排列。根据其所处的位置和功能不同，檩又可分为脊檩、金檩、檐檩等，也被称为檩条。其中，位于屋檐下、檐柱之上的檐檩通常是雕饰的焦点。由于其相对狭小的雕饰空间，檐檩的装饰内容通常简洁而精致，主题多为花卉、草虫以及程式化的吉祥符号。

檩上的雕饰虽然简单，却蕴含着丰富的文化内涵和历史意义。花卉和草虫常常被用来装饰檩，象征着蓬勃的生机，展现了人们对自然的敬畏和热爱。此外，各种程式化的吉祥符号也是檩上常见的装饰元素，如莲花、如意、蝙蝠等，这些符号代表着幸福、富贵和吉祥，为建筑增添了一份祥和美好的氛围。

檩的雕饰虽然看似简单，却蕴含着深层的文化内涵。在古代建筑中，每一个装饰元素都承载着特定的象征意义，反映着人们的信仰和价值观。檩上的花卉和草虫不仅仅是装饰，更是人们对自然界的赞美和感恩；吉祥符号的运用则体现了人们对美好生活的向往和祈愿。这些装饰元素不仅丰富了建筑的表现形式，也传承着古代智慧和文化传统。

檩的雕饰不仅仅是为了美观，更是为了传承和弘扬文化。通过檩上的装饰，人们可以窥见古代社会的审美观念和生活方式，感受到历史的厚重和文化的底蕴。即使在当今的建筑设计中，我们依然可以看到古老的檩上雕饰，这些简单而精致的装饰元素仿佛在述说着古代的故事，表达了人们对美好生活的追求。

总的来说，檩作为连接梁和椽子的重要构件，在北方传统建筑结构中扮演着关键角色。其雕饰不仅体现了工匠的技艺和创造力，也传承着文化精髓和历史沉淀。檩上的装饰元素虽然简单，却蕴含着丰富的内涵，为建筑增添了一份独特的韵味和气息。在今天的建筑设计中，我们应当珍视和传承这些古老的装饰传统，让它们继续在现代建筑中闪耀光芒。

四、斗拱

斗拱作为中国北方传统建筑的重要组成部分，由斗形木块和弓形肘木以榫卯结构纵横交错层叠而成，承载着房屋结构的重量，起着分散梁架重量和承挑外部屋檐重量的双重功能。其独特的构造方式使其能够有效地分散屋顶的重量，保证建筑结构稳定和安全。斗拱上大下小的托座设计不仅提高了承载能力，还赋予了建筑更加优美的外观，展现了中国传统建筑的独特魅力。

斗拱的结构设计体现了中国古代工匠精湛的木工技艺和创造力。斗形木块和弓形肘木通过精细的榫卯结构相互连接，形成了坚固而稳定的承托体系。这种结构不仅具有优异的荷载性能，还展现了古代工匠们对木材特性的深刻理解和对建筑结构的精准把握。斗拱的制作需要有精湛的木工技艺和丰富的经验积累，体现了古代工匠们在建筑领域的卓越造诣。

在传统建筑中，斗拱用于连接柱顶、额枋和屋顶之间，扮演着立柱与梁架之间的关节。斗拱的安装地点并不仅限于屋檐下，还可以应用在柱子与房梁、枋中间。斗拱所处的位置不同，承担的具体功能也不同，因此还被赋予了不同的名称。斗、拱和昂等都是斗拱的不同形态，具有各自的特点和用途。其中，昂作为一种纯装饰性构件，常常呈现出精美细致的雕刻形象，如龙头、凤首、象鼻等，体现了中国传统建筑装饰的独特魅力和艺术表现力。攒是由一组斗拱组成的建筑构件，一攒斗拱通常由多个构件层层叠叠、纵横交错而成，形成了壮观的建筑景观。斗拱不仅具有承载重量的功能，更是建筑外观的重要装饰元素，展现了中国传统建筑的独特风格。

五、栏板

栏板，又称为花板，是一种安装于厅堂、门廊等梁枋之间的板材构件，其主要作用在于装饰，没有结构上的支撑功能。在北方木雕中，栏板是展示雕刻装饰的主要部位，承载着丰富的艺术内涵和文化意义。栏板的形式多样，既有实心的木板，也有棂条花格，每种形式都展现了木雕艺术的独特韵味。

实心木板是栏板中常见的一种形式，通常采用浮雕来表现各种图案和纹饰。浮雕技法包括浮雕、透雕、线雕等多种技法，使栏板的雕刻更加生动立体。实心木板上的纹饰多样，有大型连接图案或戏曲故事，也有花鸟鱼虫、瑞兽宝器、吉祥字符等各种元素，展现了丰富的文化内涵和艺术表现力。这些纹饰经过精心雕刻，复杂且精致，为建筑空间增添了独特的艺术氛围和历史沉淀。

另一种常见形式是棂条花格，其特点是具有通透性和轻盈感。棂条花格的造型多样，常见的包括拐子龙、亚字纹、井字纹、盘长纹等，这些造型简洁而富有变化，展现了木雕艺术的独特魅力。由于其通透性，棂条花格与整体建筑气韵相融合，形成了统一的效果，为建筑空间增添了层次感和美学价值。

栏板作为北方木雕中的重要构件，承载着丰富的文化内涵和历史意义。其雕刻风格多样，既有实心木板的复杂精致，也有棂条花格的简洁通透，每种形式都展现了木雕艺术的高超技艺和艺术表现力。栏板上的纹饰丰富多彩，从大型连接图案和戏曲故事到花鸟鱼虫、瑞兽宝器、吉祥字符等各种元素，体现了中国传统文化的丰富内涵和艺术美感。

栏板的雕刻不仅是一种技艺，更是一种艺术表达。通过栏板上精湛的雕刻工艺，我们可以感受到古代工匠对美的追求和对传统文化的珍视。栏板雕刻的复杂性和精致性体现了木雕工匠的高超水平，展现了木雕艺人的匠心和创造力。栏板作为建筑装饰的重要部分，不仅美化了建筑空间，还承载着传承历史文化的重任，为建筑增添了独特的艺术魅力和历史价值。

总的来说，栏板作为安装于厅堂、门廊等梁枋之间的装饰构件，承载着丰富的文化内涵和历史意义。其形式多样，包括实心木板和棂条花格，每种形式都展现了木雕艺术的独特韵味。栏板上的纹饰丰富多彩，雕刻复杂精致，为建筑空间增添了独特的艺术氛围。

六、雀替

雀替，又称为角替，民间俗称"花牙子"，是一种施于枋柱之间或栏板与檐柱之间的托座，其作用在于减小承托构件的净跨度，具有加固构架和装饰的双重功能。在北方建筑中，雀替常常被设置在梁枋之间，扮演着重要的装饰角色。其形式多样，通常呈对称形设置，类似于展开的双翼嵌于柱的两侧，造型富有变化，是北方建筑木雕的主要形式之一。

雀替通常呈长条状，内外两面均有精致的雕饰。雕刻手法包括浅浮雕、深浮雕以及局部的镂空雕，这些技法使得雀替的雕饰更加生动立体。雕饰图案与栏板的风格一致，官商府邸多用祥禽瑞兽、神仙宝器等题材，展现了尊贵与祥瑞之意，而普通民宅则常见卷草纹、花卉、鸟雀、器物等装饰，展现了平民生活的愉悦与丰富。

雀替的雕饰图案多种多样，反映了不同社会阶层和文化背景下人们的审美取向和价值追求。雀替作为装饰构件，不仅美化了建筑空间，还承载着丰富的文化内涵。它们的设置和雕刻既是建筑结构的需要,又展现了工匠们的艺术造诣和审美追求,成为北方建筑中不可或缺的重要元素。

雀替的形式多样,富有变化,展现了北方建筑木雕的丰富多彩。其对称形设置于建筑整体风格相协调,使得建筑更加完整和谐。

在北方建筑中,雀替的设置不仅仅是为了装饰建筑,更是为了加固构架,承担着一定的稳定作用。它们的精湛雕刻和对称设置,既满足了建筑的实用需要,又展现了木雕艺术的高超技艺和独特魅力。雀替作为一种托座,为梁枋和栏板提供了支撑,使得建筑结构更加稳固,同时也为建筑增添了独特的艺术魅力和价值。

总的来说,雀替作为北方建筑木雕的主要形式之一,承载着丰富的文化内涵。其精湛的雕刻工艺和丰富的装饰图案,为建筑空间增添了独特的艺术氛围。

第二节 北方建筑木雕装饰的表现手法

但凡建筑木雕构件,无不是通过刻、凿、雕、磨来完成。北方建筑木雕构件的雕刻技法,主要有浅浮雕式、深浮雕式、镂空式、复合叠加式四种。

一、浅浮雕式

北方建筑木雕装饰的表现手法之一是浅浮雕式,也称为减地雕刻法。这种表现手法在木雕艺术中具有独特的美学特点和技术要求。浅浮雕式的表现手法通过保留主体图案,周围雕去图案以外部位,使得地面和图案面的高低相差不大,营造出一种平缓而立体的雕刻效果。这种表现方式常见于北方建筑的装饰中,特别是用于通间的栏板和雀替等装饰构件上。

在浅浮雕式的木雕装饰中,多种多样的纹饰图案反映了当时人们的审美趣味和文化内涵。常见的纹饰图案包括拐子龙纹、螭龙纹、八宝人物纹、蔓草花卉纹等,这些图案在木雕装饰中扮演着重要的角色,既具有装饰性,又富有象征意义。这些纹饰图案常常被用于栏板和雀替等装饰构件上,为建筑空间增添了独特的艺术氛围和历史韵味。

浅浮雕式的木雕装饰在视觉上呈现出一种平展开阔的效果,使整体构图显得饱满而丰富。这种表现手法通过保留主体图案，将雕刻的深度控制在一定范围内，使得观者在欣赏装饰时能够一览整体，感受到装饰的整体美感和和谐统一。同时，浅浮雕式的雕刻技法也要求工匠在雕刻时精准掌握力度和深浅，以保证图案清晰和立体，这展现出木雕艺术的高超技艺和精湛工艺。

拐子龙纹、螭龙纹、八宝人物纹、蔓草花卉纹等纹饰图案的运用丰富了北方建筑木雕装饰的表现形式和艺术内涵。这些图案不仅体现了当时人们对祥瑞、吉祥和美好生活的向往，也展现了木雕艺术家对自然、生活和文化的理解和表达。

二、深浮雕式

北方建筑木雕装饰的另一种表现手法是深浮雕式，这也是一种减地雕刻形式，不过其是雕去图案以外部分较深的一种雕刻技法。深浮雕式表现为地与面的高差较大，最大高差可达10厘米，这使得雕刻的图案更具有立体感和层次感。相比浅浮雕式，深浮雕式所呈现的纹饰或图案更为生动自然，富有立体感，展现出更加丰富的艺术效果。

深浮雕式的木雕装饰在北方建筑中扮演着重要的角色，其独特的表现形式和雕刻技法赋予建筑装饰独特的艺术魅力和视觉效果。常见的纹饰图案包括龙纹、博古纹、四艺、瑞兽祥禽、神话人物纹、花草等。这些纹饰图案常常被用于建筑的梁、枋、栏板、雀替、斗拱等装饰构件上，为建筑空间增添了独特的艺术氛围和历史韵味。

深浮雕式的木雕装饰所呈现的立体感和层次感使得整体装饰更加生动和丰富。工匠在雕刻深浮雕式时需要精确掌握力度和深浅，以突出图案的立体效果，使得观赏者在欣赏时能够感受到雕刻带来的强烈冲击力和视觉享受。深浮雕式的艺术效果与浅浮雕式相比更为突出，其所雕刻的纹饰或图案更加生动自然，富有层次感和立体感，展现出木雕艺术家高超的技艺和创造力。

三、镂空式

镂空式木雕是一种独特的表现手法，通过雕、凿、挖、刻等方法，使木构件具有深层次、通透立体的视觉效果。这种雕刻技法要求木料的木质结构致密坚实、细腻，体形敦厚，不变形，无裂缝，以确保雕刻精准和持久。镂空式木雕对雕刻的工具和技艺有较高的要求，只有工匠具备精湛的技艺和经验，才能将木料雕刻成具有层次感、立体感的作品。

在整个建筑木雕构件中，镂空式木雕的技法常见于雀替、栏板等部位。这些装饰构件常常被视为建筑装饰中的重要元素，通过镂空式木雕的技法，这些构件不仅具有装饰性，还能为建筑空间增添一种独特的艺术氛围和视觉效果。镂空式木雕所呈现的通透立体效果，使得观者在欣赏时能够感受到艺术气息，增强了建筑的整体美感和艺术价值。

神话戏曲人物、瑞兽祥禽、蔬果蔓草、夔龙纹等纹饰图案常见于镂空式木雕装饰中，这些纹饰图案通过镂空雕的技法得以精细雕刻，加深了景物层次，使得雕件中的形象更加生动立体，呈现出丰富且复杂的艺术效果。

镂空雕作为一种独特的木雕表现手法，具有丰富的艺术魅力和表现力。通过对纹饰图案的雕琢加工，镂空雕不仅加深了景物的层次感，还使得雕件中的形象更加立体和生动。这种技法为木雕艺术增添了一种独特的表现形式，使得建筑装饰更具艺术性和视觉吸引力。镂空雕的运用为建筑空间注入了生机和活力，展现出木雕艺术的独特魅力和艺术价值。

四、复合叠加式

在复合叠加式木雕中，线雕、浮雕、镂雕、彩绘和贴金等多种工艺相互融合，相互叠加，形成了丰富多样的装饰效果。线雕通过简洁明快的线条勾勒出图案的轮廓和结构，浮雕通过凸起的部分展现出图案的立体感，镂雕以其通透的效果增加了木雕作品的层次感，彩绘和贴金为木雕作品增添了色彩和光泽，使其更加生动和华丽。这些不同工艺的结合与叠加，使得复合叠加式木雕作品具有独特的艺术魅力和表现力，展现出木雕艺术的多样性。

复合叠加式木雕的制作过程需要雕工通过精雕细刻、精心打磨和敷彩贴金等工艺步骤，使木雕作品达到最佳的装饰效果。精雕细刻要求雕工具有精准的手法和耐心，精心打磨则需要雕工具有熟练的工艺技能和经验，而敷彩贴金则需要雕工对色彩和金属材料的运用有深刻理解。这些工艺的精湛运用，使得复合叠加式木雕作品呈现出精致的装饰效果，展现出木雕艺术家的高超技艺和创造力。

复合叠加式木雕的使用寿命也是一个重要考量因素。由于其制作过程需要选用优质的木料材质，要求木料坚实致密、不弯不裂、肌理细腻，因此，制作出来的木雕作品具有较强的耐久性和稳定性，能够经受住时间的考验，保持良好的装饰效果和品质。这种保证雕件使用寿命的特性也使得复合叠加式木雕成为建筑装饰中的珍贵艺术品。复合叠加式木雕常见于富丽堂皇的建筑之上，为建筑空间增添了独特的艺术氛围和历史内涵。

复合叠加式木雕的纹饰图案有历史典故、神话传说人物、瑞兽祥禽、八宝祥云等。这种形式的木雕构件，画面有高有低，起伏变化灵活，层次分明。如果再加以彩绘或者其他表面处理工艺，更使图案中的人物、瑞兽形象栩栩如生、立体生动，具有强烈的整体艺术效果。

综上所述，复合叠加式木雕作为一种融合多种木雕表现工艺的表现方法，展现了木雕艺术的多样性和创造力。其精湛的工艺和独特的装饰效果使得复合叠加式木雕成为建筑装饰中的重要元素。

第三节　北方建筑木雕装饰的功能

木雕是我国众多收藏艺术门类中重要的一支。由于其起源早、应用广泛，且受到各地风俗和地域文化的影响，形成了具有不同地域风格的木雕艺术。北方建筑木雕便是北方木雕艺术中独具特色的代表。

北方传统建筑木雕在中国近代的战乱和动荡中，并没有得到传承和发展，反而受到了严重的破坏。以山西为代表的北方建筑也在逐年减少，而其建筑木雕也随之减少。在现代化建筑和传统建筑大肆更替的今天，许多传统建筑在我们面前消失了。北方建筑木雕彻底结束了它独特的装饰任务，完成了古典装饰的历史使命。从此，北方建筑木雕从一个具有实用价值的建筑构件，升华成为一种极具民族建筑特色的传统文化载体，成为当今社会收藏文化系列中的一个重要分支。

一、装饰功能

要说北方建筑木雕的装饰功能，还得从北方建筑的地域特点说起。具体如下：

一是北方地区多平原，同南方相比，地域开阔，地形平整，建筑用地相对宽阔，所以建筑总体比例以敦厚、宽阔为主要特色。

二是乡土建筑材料相对单一，必须以"粗料精工""同中求异"处理方式方能凸显个性特征。在这一方面，北方民居运用不同材质的特点和精细加工的制作方法求得变化，如整体与细部、粗犷与精巧的结合，石雕、砖雕、木雕的搭配组合，纹饰的简繁组合，这样做不但使木雕起到了良好的装饰效果，还大大丰富了装饰的形式和内容。

三是民间经济文化发展相对滞后，受当地淳朴、憨厚、粗犷的民风和文化习俗等诸多因素的综合制约，北方建筑形成了整体规整、外观敦厚、质朴粗犷的风格。所以对梁、柱等大型承重构件则通常简单雕饰，或仅施以彩绘，而施以深层雕饰的则是那些受力构件的头尾、非承重部位以及单纯为装饰而设置的小型构件。这样既能保证建筑结构逻辑清晰，又不会因雕饰而降低受力构件的承重作用、破坏构件的完整性，还使建筑构件的装饰尽可能得到展示，同时还丰富了建筑装饰的艺术形式和内容，提高和深化了建筑本身的文化品位和艺术内涵。

二、实用功能

北方建筑木雕的价值不仅仅在于装饰、美观，实用。木雕装饰的实用功能更多地体现在其对建筑结构的加固、防水防火等方面。木雕装饰使建筑物的耐久性和实用性得到了显著提升。

首先，木雕装饰在北方建筑中有加固结构的作用。传统的木雕装饰不仅仅是简单的装饰品，更多地承担着支撑建筑结构的责任。通过精致的木雕工艺，这些装饰能够承担一定的结构重量，起到加固建筑的作用。在北方地区气候条件恶劣、建筑结构承受风雪侵袭的情况下，木雕装饰的加固作用显得尤为重要。它们不仅美观，还保证了建筑物在恶劣天气下的稳固。

其次，木雕装饰还在防水防火方面发挥着重要的作用。在北方地区，防水和防火的重要性不言而喻。利用独特的材质和工艺技术制成的木雕装饰，可以为建筑提供有效的防水措施，防止雨水渗透，保护建筑结构免受雨水侵害。同时，木雕装饰在一定程度上也具有防火的功能，特殊的材质和表面处理工艺可以减缓火势蔓延，为建筑提供一定的安全保障。因此，木雕装饰不仅仅是装饰材料，更是建筑防护的重要组成部分。

最后，在北方寒冷干燥的气候条件下，建筑需要考虑遮阳保暖以满足居住需求。精美的木雕装饰于建筑之上，可以有效遮挡阳光，减少室内温度波动，进而提高居住的舒适度。同时，在北方多风的气候条件中，木雕装饰也可以起到防风的作用，保护建筑免受强风侵袭，为人们提供安全的居住环境。因此，木雕装饰使得建筑不仅仅是一件艺术品，更是一个能够满足生活需求的实用空间。

总的来说，北方建筑木雕装饰的实用功能远远超出了人们的认知。它们可以加固结构、防水防火、遮阳防风，为建筑物的稳固与安全提供了重要支持。同时，木雕装饰作为传统工艺的一部分，承载着丰富的文化内涵，展现了古人的智慧和审美追求。在当代社会，应当重视并传承这一宝贵的文化遗产，继续发扬传统工艺，为建筑的发展和文化的传承贡献力量。充分理解和利用木雕装饰的实用功能，我们能够更好地保护和弘扬传统工艺，传承优秀文化遗产，为社会的可持续发展贡献力量。

三、社会功能

北方建筑木雕在我国传统建筑中的应用十分广泛，涵盖了我国北方大部分地区，其雕制风格粗犷豪迈，纹饰题材丰富多样。纹饰多以吉祥、喜庆、福寿康宁等为主要内容，涵盖了中华民族诸多方面的人文风俗。在建筑功能、历史价值、艺术价值、地域文化、人文价值、纹饰寓意等研究领域里，北方建筑木雕都具有现实指导意义。

不同时代的建筑是当时政治、经济、文化、民俗和不同的审美意识的集中体现。从某种角度而言，建筑所具有的历史价值是毋庸置疑的。而作为中国传统建筑艺术中的一个部件——建筑木雕，尤其是历史久远的北方建筑木雕，可以说是建筑艺术发展过程中的一个见证和缩影。在建筑艺术研究和探讨建筑文化的领域里有着重要的价值。现存的建筑大多是明清时期所建，虽有因自然老化等因素维修、重建的情况，但修缮的人却没有改变明清时期的建筑制式以及建筑木雕的形式和内容。所以，北方建筑和建筑木雕体现的历史价值并不十分明显。尽管如此，北方建筑木雕的艺术价值也同样是不容忽视的。

受传统儒家思想理论体系的影响，儒学中的社会道德伦理、行为规范和宗法制度，渗透到社会的各个角落。北方建筑木雕亦然，它以多角度、多方面、深入浅出地表现形式传承着、反映着儒家思想，并将我国传统文化中的道德观、伦理观和遵守纲常、规范礼仪、教导后人等方面的社会观念,通过借用、隐喻、比拟、谐音等方式表现出来,借以倡导礼制、褒贬善恶、昭示人伦之规、儒家之礼,对人们的言谈举止起到警示、规范、倡导和监督的作用。从而净化了人们的思想、规范了社会行为,起到了制约、引导和教化的社会作用,对社会发展有着极为深远的影响。

同样,在儒家思想的影响下,北方建筑木雕的纹饰也无不展现了"忠孝节义""赞颂生活""祈福纳祥""训诫教化"等方面的内容,借以表达人们在思想与心理上的追求与愿望。

(一)体现忠孝节义的传统思想

忠,即忠君报国。孝,即奉亲尽孝。节,即气节,节操,是坚定、置生死于度外的信念。义,即义气,是人内心善良的道德本性。"忠孝节义"是儒家伦理思想的立足基础和精髓所在,还支撑着中华民族优良传统流传下来。"忠孝节义"只是简简单单的四个汉字,视之无形触之无物,抽象又虚无缥缈,而北方建筑木雕仿佛能把这四个字实体化,在实际的建筑构件上,用美丽生动的纹饰图案讲述一个又一个故事,将抽象的概念具体化,形象且生动地诠释了儒家思想中"忠""孝""节""义"的含义。在具体的纹饰图案中,"岳母刺字""杨家将""木兰从军""卧冰求鲤""苏武牧羊""千里走单骑"很常见。以传统故事来体现忠孝节义的表现方式使形式和内容统一,能更深刻地表达思想。

(二)表达对美好生活的追求愿望

东汉《说文解字》:"福者,备也。备者百顺之名也,无所不顺者之谓备。"所以,百无一缺、事事顺利即人们心目中向往的事情。"福寿康宁"的生活愿望涉及人类的方方面面,人们的理解方式也不尽相同。在北方建筑木雕中,有许多福、禄、寿、喜、财等方面的内容。这些题材涵盖了功名利禄、延年益寿、多子多孙、招财进宝等。

表现这些题材有两种方式:一是用特定的人物或者其他图案直观表达。例如"福禄寿三星高照""麒麟送子""八仙祝寿"等,所要表达的内容一目了然。二是赋予事物和汉字含义,取其相似的读音去隐晦表达。典型的有"喜禄封侯",

其画面为一只猴子骑在鹿背上用树枝在捅马蜂窝，猴子的上方有喜鹊在飞翔。图案中的"喜""禄""封""侯"分别以喜鹊、鹿、蜂窝和猴子表示。还有"三阳开泰"，画面雕有三只形态各异的山羊，羊的背后是一轮红日升起。其他还有"喜上眉梢""连连有喜""麟凤芝兰""万年更新"等，这些都表达了人们对"福寿康宁"美好生活的追求。

另外，读书及第、加官晋爵、荣恩上任也是这类题材所要表现的又一主要内容。在封建社会里，读书是为了金榜题名、获取功名利禄，为了光宗耀祖、报效国家。读书是人们步入仕途、改变现实生活、获得荣耀的重要途径之一，因此也历来受到人们的重视。所以在北方建筑木雕中，也有很多表现读书、及第内容的纹饰题材。典型的纹饰有"五子登科""路路连科""鱼跃龙门""马上封侯""衣锦还乡"等。

（三）赞颂清高安逸的生活情趣

从古至今，人们只有脚踏实地生活，努力实现自己所需要的物质条件并处于安逸的生活环境时，才会去寻求心灵上的完满。富足、仁爱谦让、遵章守纪、安逸的社会生活，既符合统治者的政治需要，又满足黎民百姓的生活愿望。所以这种传统的思维模式，在北方建筑木雕中也有较多体现。其中"渔樵耕读"就是追求祥和安逸和田园情趣的典型代表。"渔""樵""耕""读"本是四种不同的生活方式，但在古代封建社会里，以读书为主、追求仕途的文人雅士，也向往捕鱼、砍柴、种田、纺织等田园式的生活，渴望精神生活上有更多的乐趣。所以，这种纹饰图案也是历代文人雅士热衷于表现的题材。诸如此类的还有"耕织图""琴棋书画""姜太公钓鱼""渔乐图"等。

（四）传递为人处世的训诫奇方

能够体现这种意义的纹饰图案较少，具有代表性的当属韩非子寓言中"鹬蚌相争，渔翁得利"的故事。在北方建筑中，这种具有教导、教诲意义的木雕通常都安置在门廊等一些显眼的位置，使子孙在进出之时都能看到，随时告诫他们要团结，要互谅互让。房主常常巧妙地运用建筑木雕对子孙进行潜移默化的陶冶教育。

（五）丰富装饰图案运用的形式

装饰性图案是指通过排列组合一个单独的形状得到的具有观赏性的图案，通常由于地域文化和历史时代的不同呈现出不同的艺术特色，具有一定的文化价值。常见的如龟背锦、夔龙纹等。这类图案多用于木雕构件的衬地背景或者边框，以大的平面类的构件为主。在北方建筑木雕中，这些图案同样也是被赋予了一定的思想内容。如龟背锦有"龟龄鹤寿"的意思；金钱纹"金钱套金钱"则寓意财源滚滚、经济富足的意思。其他还有菱格、缠枝蔓草等纹饰，这些纹饰在流传中被人们赋予了各种各样美好的含义，带着人们心中的美好祝愿被刻在雕件上，成为北方建筑木雕的一大特色。主体纹饰和装饰性图案可以搭配使用，可创造出表达形式、表现内容都很完美的木雕艺术作品。

四、文化传承功能

北方建筑木雕装饰作为传统工艺技艺的传承者和展示者，在古代建筑中扮演着至关重要的角色。这些精美的木雕装饰不仅展示了古代工匠的精湛技艺和对艺术的追求，同时也展示了传统工艺的魅力和独特之处。通过这些装饰，人们可以深刻感受到古代工匠的匠心独运，从而促进了传统工艺的传承和发展。

在古代北方建筑中，木雕装饰常常被运用在建筑的梁柱、门窗、榫卯等部位，不仅起到装饰美化的作用，更承载着丰富的文化内涵。这些木雕作品经过工匠的精心设计和精湛雕刻，展现出了很高的艺术价值和审美意义。通过欣赏这些木雕装饰，人们可以感受到古代工匠对于艺术的追求和对细节的精雕细琢，体会到传统工艺所蕴含的智慧和技艺。

古代木雕装饰不仅是简单的装饰物，更是一种文化的传承和传统工艺的延续。每一件木雕作品都反映了当时社会的风貌和价值观念。通过这些装饰，人们可以窥探古代社会的生活方式、宗教信仰、审美取向等，从而加深对历史文化的理解。

随着时代的变迁和科技的发展，传统工艺面临着失传的挑战。然而，正是通过对北方建筑木雕装饰的传承和保护，才可以让这些珍贵的传统工艺得以延续和发展。通过对古代工匠精湛技艺的学习和传承，我们可以不断推动传统工艺的创新和发展，使之与现代社会相结合，焕发出新的生机和活力。

因此，北方建筑木雕装饰作为传统工艺技艺的传承者和展示者，承载着丰富的文化内涵和历史记忆，同时也激发了人们对传统工艺的热爱和尊重。

五、宗教仪式功能

北方建筑木雕装饰在宗教方面扮演着至关重要的角色，其在古代宗教建筑中不仅仅是简单的装饰，更体现了一种宗教信仰。这种装饰常常以宗教故事等为题材，通过精湛的雕刻工艺将宗教元素融入建筑之中，为信徒们提供心灵慰藉和宗教教育。北方建筑木雕装饰不仅仅是建筑的装饰，更是宗教信仰的载体，承载着人们对宗教的虔诚信仰和敬畏之情。

在古代，宗教在人们的生活中扮演着极为重要的角色，宗教信仰贯穿着人们的日常生活、道德观念和社会秩序。木雕装饰作为一种艺术形式，被广泛运用于寺庙、宫殿等宗教建筑中，成为宗教文化的重要表现形式。这些木雕装饰常常以宗教故事、佛教经典等为主题，通过精湛的雕刻技艺将宗教内涵融入建筑之中，为信徒们提供了一种视觉上的宗教体验和心灵上的慰藉。

在北方建筑中，木雕装饰的运用不仅仅是为了美化建筑，更是为了传达宗教的教义和价值观。通过形象生动的雕刻，这些装饰作品栩栩如生地展现了宗教故事中的英雄、佛教菩萨等形象，使信徒在参观宗教建筑时能够更加深刻地感受到宗教的力量和神秘感。同时，这些木雕作品也承载着信徒们对神灵的敬畏之情，成为他们心灵上的一种寄托和依靠。

除了在寺庙和宫殿等宗教建筑中的出现，北方建筑木雕装饰也常常出现在宗教仪式和庆典中。在古代的宗教仪式中，木雕装饰往往被用作祭坛、神龛等场所的装饰，为仪式增添庄严肃穆的氛围。这些装饰彰显了宗教仪式的神圣性和庄严性，为信徒们营造一种虔诚参与的氛围，使他们更加专注地参与到宗教仪式中去。

此外，北方建筑木雕装饰也在宗教教育方面发挥着重要作用。通过这些装饰作品，信徒可以了解宗教故事、佛教经典等内容，深入理解宗教的教义和价值观念。这种视觉上的宗教教育方式，使信徒在参观宗教建筑时不仅能够感受到宗教的神秘和庄严，同时也能够增进他们对宗教文化的了解和认识。

总的来说，北方建筑木雕装饰在宗教方面具有极为重要的意义。作为宗教建筑的重要组成部分，这些装饰不仅是建筑装饰，更是宗教信仰的表达和传播载体。北方建筑木雕装饰为信徒提供了心灵上的慰藉和宗教教育，同时也成为中国传统宗教文化的珍贵遗产，为后人传承和发扬中华传统文化提供了重要的参考和借鉴。

第四章　新疆传统建筑木雕装饰艺术

新疆传统建筑木雕装饰艺术是一种具有重要实用功能和文化内涵的传统工艺，它不仅具有加固结构、防水防火等实用功能，同时也承载着丰富的历史文化内涵，展示着古代工匠的技艺和艺术追求。这种装饰艺术展示了传统文化、反映了古代社会生活方式和价值观念，为当代人传承和发展传统工艺，保护和弘扬优秀文化遗产提供了重要的启示。本章为新疆传统建筑木雕装饰艺术，依次介绍了新疆传统建筑木雕装饰纹样及图案特征、新疆传统建筑木雕装饰艺术的应用、新疆传统建筑木雕装饰工艺及传承。

第一节　新疆传统建筑木雕装饰纹样及图案特征

新疆传统建筑的装饰技法有石膏花饰、彩绘、木雕和砖雕等。其中木雕装饰技法非常具有民族地域性特点。木雕装饰不仅给建筑增添了文化内涵，使建筑物更有艺术性，还具有很强的实用性。木雕装饰造型简约朴素，造价低廉，又多取材于自然界，通过改变图案形状、颜色、位置等装饰手法，可以更好地突显地域特色和民族文化风格，还能从侧面体现当地民族的传统习俗、礼仪、生活习惯以及文化特征，展现当地人民的精神风貌以及经济发展水平。

装饰物品本身没有过多的意义，只有被人们看作思想的载体时，才具有了一些特定含义。民居中的装饰有着约定俗成的规律，装饰风格会随当地建筑风格的不同而改变，即一个地区的建筑风格与该地民居的装饰特征存在一定关联的。因此，可以通过分析民居建筑装饰特征反推出当地的传统建筑特征。能使木雕装饰风格发生改变的原因主要有两种：自然原因和社会原因。自然原因主要是新疆所处的地理位置特殊，气候特征明显，植物类型丰富；社会原因主要是丝绸之路的影响、当地文化民俗传承历史悠久、独特的生产技术以及得天独厚的经济发展条件等。这些条件都会影响传统建筑木雕艺术的发展。综上所述，要了解木雕装饰艺术，先要了解当地的历史文化、风俗习惯及其在当地建筑上的实际应用。

一、新疆传统建筑木雕装饰纹样

田自秉先生在《中国纹样史》中对纹样的定义是"纹样是装饰花纹的总称，又称花纹、花样。纹样从本质上来说不具备任何独立价值，必须附着在一个载体之上，如工艺品或建筑构件上等，因此纹样的艺术价值应该与载体共同研究。"[1]。传统建筑以木架结构为主，木构件上的纹样也多是木雕。常见的工艺技巧有透雕、贴雕等，木匠在建筑构件上雕刻出形形色色的图案，并赋予其艺术内涵，让建筑有了更高的审美性。

我国纹样源远流长，经过岁月的沉淀，纹样的风格不断变化，图案线条从最初的简单排列发展到如今的错综复杂，纹样的取材广泛，内容繁多，包括神话传说、历史人物、风景名胜、花鸟鱼虫、几何图案、动植物图案等，以上类型几乎可以涵盖祖国各地所有的纹样装饰。新疆传统建筑中的装饰纹样题材主要是几何类和植物类；成品纹样展现出多样的风格，既有简单大方的，也有精巧雅致的，雕刻手法神乎其技。工匠师傅们非常善于从周围自然环境中取材，一些新疆特有的物产经工匠抽象化处理后，就变成了雕刻在传统建筑上的栩栩如生的木雕花纹，主要有石榴、葡萄、哈密瓜、巴旦木、梨子等瓜果和植物纹。

（一）植物纹样

人类在原始社会阶段以狩猎为生，野牛、山羊等动物作为食物可以直接满足人类生存的基本需要，很容易给人们留下深刻的印象。植物则没有这种功能，故在人类的装饰艺术作品中，植物形象出现的时间要比动物形象、人物形象甚至抽象线条都要更迟一些。所以旧石器时代常作为装饰的艺术形象大致有两种：人物形象和动物形象。后来人类进入农业社会阶段，原始的刀耕火种出现，植物才开始被人们注意。人们把果实、花朵、叶片、根茎等对自身有用处的部分抽象出来绘成图案，植物纹样作为装饰于新石器时代的中、晚期出现。

---

[1] 田自秉，吴淑生．中国纹样史[M]．北京：高等教育出版社，2003．

历史上，商周时代之前出现的用作装饰的具有审美功能的形象总体以动物为主，动物纹样在青铜器、陶器、木器、骨器、玉器、漆器等器具和饰物上均有出现。唐代以后，植物纹样才开始出现在丝绸上，人们着眼于自然界中的花草树木，自如运用线条、颜色表达他们对自然界的敬畏和对植物的喜爱，此后又经历了很长时间，这些具有审美价值的植物图案从最初的模仿雕刻发展到本土化改造，再到本土化创造，其形式和内容越发丰富多彩。

新疆民间流传着一句俗语，"没有果园就没有生命"[①]。气候环境影响着人们的生活，充足的水源、肥沃的土地、果实累累的树木，对于生活在干旱沙漠地区的人民而言，就代表着生命与希望。新疆人民偏爱草木蓬勃的生命力，因此，他们会在自己的住处种上各种各样的花草树木，比如胡杨、杉树、柳树、桑树等，这些树木生命力顽强，可以适应新疆的气候，非常容易成活。在一些不适宜高大树木生长的狭窄空间，他们种上了各种小花，花盆摆得满满当当，院门口、屋顶上、窗台上处处可见花朵的身影，新疆人民对生命是如此的热爱，他们生活在沙漠的绿洲中，生存是他们最基本的需求，他们深知要与自然亲近、与自然和谐共生，才能更好地生存下去，植物在某种程度上就代表着自然，所以他们才如此偏爱植物题材。新疆气候干燥、日夜温差大、降水稀少，拥有的土地资源面积在全国位于前列，除了一些无法提供必要生存条件的沙漠地带，还有成片的戈壁滩和高山严寒地带，适合人们居住的地方少之又少。绿洲生活环境这样特殊又脆弱，正因如此，植物纹样才成为当地人们装饰时的不二之选。

在我国，新疆被誉为瓜果之乡，盛产葡萄、香梨、巴旦木、石榴、苹果等，人们以这些瓜果形象作为装饰图案灵感来源，再辅以枝条、花朵、叶片，经过抽象化处理后成为独立纹样或者组合纹样。他们还将植物与日常生活用品组合，如碗、花瓶等组合在一起的纹样可以作为门板的装饰，其鲜明的轮廓造型表现出装饰纹样的写实性、柔美性等特征。

常见的装饰纹样有：石榴纹、巴旦木纹、折枝纹、卷草纹、牡丹纹、麦穗纹、葡萄纹、水仙纹等。

工匠凭借自己丰富的想象力和高超的技艺，把以上元素排列组合并抽象化，在传统花纹的基础上创造出千姿百态的新花纹。生动地展现了大自然独特的美，

---

① 迪丽拜尔·苏莱曼. 中国民俗知识 新疆民俗[M]. 兰州：甘肃人民出版社，2008.

精巧的木雕植物纹样脱胎于自然。人们热爱自己生活的土地、喜欢植物、向往生命，植物纹样是他们审美情趣的体现，有着非常浓郁的生活感。其实作为装饰的植物纹样大多已失去了其原本的形态，我们能看到的多是艺术加工之后许多线条连接缠绕、排列组合后形成的抽象图案，以单独或组合的形式雕刻在木构件上。传统民居建筑中常见的抽象纹样有石榴纹、巴旦木纹、缠枝纹、百合纹、菊花纹、蔷薇纹、卷草纹等。

1. 石榴纹

石榴是新疆喀什地区的特产，也是传统民居木雕装饰中最常用的植物素材之一。木雕中多以石榴果实为原造型，风格偏写实性，寓意团结和睦，石榴纹既可单独成纹，也可以与其他纹样组合搭配，从而衍生出各种不同的图样。石榴纹常刻在柱头，还能刻在柱身和檐口处。因为石榴果实寓意美好，造型立体美观，多作为独立纹样装饰在檐廊下的悬梁上、栏杆顶部或门楣两侧。

2. 巴旦木纹

巴旦木纹是在木雕装饰中最常见的植物纹样之一。巴旦木果实圆润，线条自由灵活，造型简单，可做单独纹样，也可与各种纹样结合使用提高装饰效果，应用范围非常广泛。

3. 缠枝纹

缠枝纹以植物果实、花朵、叶片等为骨架，以藤蔓卷草为基础相互组合缠绕，抽象提炼出来的二方或四方连续的植物纹样。其结构延绵不断、循环往复、变化无穷，寓意生生不息，富有动感，装饰效果显著。常被雕刻在外廊屋檐处，或用在屋前檐和墙的接缝处。

另外，艺匠们常在自然中寻找灵感，采用贴雕、浮雕、镂雕等多种多样的操作手法把自己喜欢的植物进行抽象化处理后雕刻在各种木构件上，有牡丹花纹、莲花纹等代表性植物纹样。

（二）几何纹样

在木雕装饰中，几何纹是历史最悠久的一种纹样类型，在我国传统民居中，三角形、菱形、圆形、字形、多边形、方形、组合形等规则或不规则的几何纹样随处可见，另外，新疆传统民居中还有龛形纹。这些纹样具有丰富的节奏感和韵律感。

龛形纹：龛形是一种凹陷立体形状，许多大小相同或者大小不同的龛形向左右两边延伸交错，可以形成独特美丽的图案，通常雕刻在柱子顶部，环绕柱子装饰，提升了整体木雕装饰效果，呈现出连续不断的线条。此纹样还可用于民房的屋檐处和大门的门框等部分。

三角纹：三角形单独或和其他形状排列组合形成的一种装饰图案，这种装饰通常被用在柱头、窗楣和檐口上。此外，它还可以与其他几何形状组合在一起，创造各种不同的图案，外表看似繁复，实际却有条不紊。

菱形纹：是一种由大小不同的菱形组成的图案，适用范围广泛且呈现出连续的四边形效果。通常用于柱体、柱群、门框和门楣的装饰中，而单独的菱形图案则经常用于门板上，它可以增强被装饰物的立体感，为人们呈现出鲜明的三维效果。

圆形纹：包括各种圆形、弧形、半圆形和月牙形等。圆形图案与三角形和正方形图案结合，可用作植物纹样的轮廓。这些图案常常被雕刻在木构件上，比如木柱、柱顶、廊柱、门板、装饰穹顶和横梁等。

二、新疆传统建筑木雕图案特征

（一）对称性

木雕纹样几乎都是由各种线条交错组合排列出来的、具有对称性的、轮廓流畅的、连续不断的图案。相互对称的线条和曲线展现出优美的节奏和韵律，同时呈现出视觉上的和谐平衡，给人带来一种愉悦的感觉。

（二）纹样组合的规律性

根据对新疆传统建筑木雕纹样的研究，可以推断植物纹饰主要借鉴了藤蔓、叶片、花朵以及其他元素的形态，经过抽象处理与重新编排形成了复杂的图案设计。这些图案看似复杂，其实由两个基本元素组成，无论怎样变化，都围绕着同样的核心思想。只要理解纹样中的核心元素和变化规律，并利用其对称特性进行抽象转化，便可以创造出引人注目的新纹样。新疆传统建筑木雕纹样呈现出一致性，并且遵循常见的构图原则。

（三）立体性

采用刻线、浮雕、贴雕等传统的木雕装饰技巧，在木质构件上雕刻出波浪状、不规则的装饰图案，同时使镟木条占据一半或四分之一的总面积，以展现出明显的空间感。经过抽象处理的植物纹样依然保留了原本的立体特征，进而展现在木雕装饰之中。

（四）纹样与颜色搭配的协调性

传统民居通常采用木雕和彩绘相结合的装饰方式，通过在木雕纹样上涂抹不同的颜色来丰富装饰效果，从而增强木雕装饰物的观赏价值。常见的颜色有蓝、绿、粉、红等，这些颜料会被巧妙地融合和装配在柱子、门窗、梁枋等处，从而创造出更加迷人的效果，展示出装饰艺术的神奇魅力，为住宅环境增添一抹斑斓的色彩，让人感觉到亲切、舒适和温暖。

第二节　新疆传统建筑木雕装饰艺术的应用

众所周知，中国传统建筑的结构体系是木构架，其他大部分构件和家具也是木制的，所以木构件上的装饰手段主要就是木雕。新疆地理位置和自然环境都很特殊，当地的传统建筑装饰艺术首选木雕。

通过对新疆传统民居建筑装饰纹样类型、特征的分析，可以发现传统建筑中的木雕装饰大部分集中在民居的门窗、栏杆、柱式、梁枋、檐口、顶棚、格扇、藻井、护手等处。这些构件在建筑物中起着支撑作用，并且通过精心装饰后，为建筑物增添了美感。技艺高超的木工使用多种木雕技法，将细致逼真、错落有致的图案雕刻在木制构件上，再与彩绘、砖雕等不同装饰手法巧妙融合，从而营造出别具一格的建筑，显著增强了装饰效果。

简而言之，新疆建筑艺术的重要组成部分之一就是精美绝伦、技艺高超的木雕艺术，其在许多民居装饰中被广泛采用。木雕作品的布局、设计风格和构图选择都展现出明显的特色，体现了当地人民的文化艺术美学精华。这里主要介绍的是新疆传统建筑中木雕装饰艺术的应用。

一、门

门作为建筑的主要元素之一，起着连接室内外空间以及过渡不同环境的作用。门的设计和装饰风格对于建筑物的整体美感起着至关重要的作用。在新疆的建筑中，门扮演着重要角色，不仅是建筑的视觉焦点，更是设计中的重要元素。由于地域特征的不同，新疆传统建筑的门和整体风格也各具特色，形态多种多样。

传统建筑的门通常是木制的，上面雕刻着精美的纹样，使门看起来更具艺术感。塔里木盆地周边的居民居住在绿洲地区，由于缺乏适合雕刻用途的石材，他们更喜欢使用木雕来装饰建筑，特别注重门的装饰艺术。门上的木质雕刻物运用了彩绘、砖雕等多种装饰技巧，展现出迷人的视觉效果。他们一般使用浮雕、贴雕等手法来装点门，门框和门楣上雕刻着各类繁复图案，犹如一华丽画框，使室外景致融入其中，将室内外之景色相互交融，呈现独特的艺术气质。木雕雕刻成功地融合了功用性和美学价值。门装饰的奢华程度取决于户主的经济条件。

新疆各地区的气候和植被资源状况各不相同，人们制作门时会优先选用当地木材。由于伊犁地区的气候较为潮湿，降雨充沛，适宜松木生长，因此，伊犁常用松木进行装饰，相反，喀什地区倾向于使用白杨树作为装饰材料。在挑选木材时，大家不仅关注木材的耐久性、坚硬程度和密度等品质，同时还要考虑其在当地气候条件下的适用性。另外，在木雕门窗上涂刷清漆和描画彩绘，可有效防止木材被风化侵蚀，防止木材被虫蛀和腐烂，从而延长其使用寿命，同时也可提升建筑的美观度。

二、窗

窗户是建筑的眼睛，它不仅具有采光通风功能，还可以作为装饰，令人产生视觉上的愉悦，同时能增强建筑的艺术魅力。窗户的设计和装饰会直接影响建筑外观和庭院整体的协调性，也有助于营造室内空间的艺术氛围。建筑的外观和窗户上的雕花相互映衬，使整体设计既协调又统一。

在我国传统建筑中有各式各样的窗户，根据它们的几何形状，可分为圆形、矩形、拱形和正方形等四种不同类型。常见的包括木棂窗、木扇窗、木钩窗、支摘窗、横批窗等，它们既具有实用性，还具有美观性，在国内被广泛应用。在新疆传统建筑中，常见的窗户类型有矩形窗和木镂花窗等。

（一）矩形窗、拱形窗

当地居民经常会用木雕和彩绘两种方式来装饰窗户，让窗户变得更加美观。传统矩形窗框上方都是尖拱形或半圆形的，人们会在上面雕刻各种图案。还有一些窗户会在外部安装木制护栏和百叶窗，然后做简单装饰。这样不仅丰富了装饰层次，还能够保证室内空间的私密性，同时又能遮阳和保暖，可谓一举三得。伊犁地区的矩形窗通常还会和护窗板搭配使用，窗框上方是三角形，这个矩形窗将木雕和彩绘融为一体，设计风格虽然与传统的窗户不太一样，但是从视觉效果上看，还是很和谐一致的。

一般来说，不管是矩形窗还是拱形窗，在院内屋墙上开的窗户和在同一平面上开的门的高度保持一致，这样看起来比例协调美观。窗楣和窗框上还会雕刻精美的图案，并在旁边进行其他雕刻装饰，再辅以彩绘，使装饰主题更加明确。常用的纹样主要包括缠枝纹、石榴纹和莲花纹，另外，护窗板上雕刻的多为几何图案，常见的有菱形和方形等。为了使屋内不昏暗，还可以在窗框中安装上透明或彩色玻璃，不仅能够给室内提供良好的光线条件和通风条件，同时也能作为一种特殊的装饰品，丰富装饰的层次。

（二）木棂格窗

中国传统建筑常使用木棂格作为窗户主要设计元素，其样式多种多样。新疆的木棂格窗非常透气，没有窗户纸，不仅能通风，还有良好的透光效果，其图案结构设计也非常紧凑。根据形状可以分为矩形、正方形等，常见的纹样包括拐子纹、直棂纹、菱形纹等，每种纹样还有各种不同的图案，如花纹、井字纹、星纹、叶子纹等。通常使用透雕和浮雕工艺，保留木材的天然颜色，创造精美的图案，看上去非常漂亮。这种窗户多出现在新疆的生土民居中。

新疆传统建筑中的木棂格窗主要有两种雕刻手法：贴雕装饰和透雕装饰。

三、顶棚

建筑中最基本的元素是屋顶，它不仅能起到保护作用，还有装饰作用。在新疆，许多传统建筑都是土木结构，一般是以木柱支撑梁木，然后在梁上组装雕花檩木构架。房顶通常会装饰木雕、彩绘和涂刷清漆，其中最常见的是木雕装饰。许多民宅的屋顶上都饰有各种不同风格的天花或望板。顶棚的木雕装饰主要集中在藻井、梁枋和椽子等部分。梁、檩结构构成了顶棚的支撑框架，这些木质构件不仅要具有承重功能，还需考虑其坚固和耐久性，通常采用浅浮雕或贴雕的技法来装饰。

有的顶棚由杨木打造，保留了原本木色。檩木上雕刻植物纹和龛形纹。顶棚与窗框相接处的木材被雕刻成凹凸不平的波浪纹状，整体视觉效果和谐统一，有一定的节奏感和韵律感，精致古朴的造型展现了一种古典美。

有的屋顶是木梁上架两端雕花檩木，檩木上铺满椽木，材料为杨木，木质胶合板折叠成拱形铺在两端，增加审美效果，外观统一喷涂彩色清漆，看起来熠熠生辉，让人感觉温暖明亮。

有的屋顶被两根梁木分成三部分，中间是大链环形，两边是刷了浅绿色漆的小链环形装饰，侧面是雕有哈密瓜藤蔓的梁木，由此使自然元素巧妙地融入建筑之中，使整个顶棚的设计更加和谐统一。

有的顶棚是以杨树为材料，保留原本的木色，颜色和线条都是天然形成的，采用贴雕装饰手法，纹样则是用雕刻机雕出来的，虽然看起来单调，但是流露出一丝天然古朴，这种与自然相结合的装饰风格，既简朴明快、又温馨舒适。

总体而言，新疆居民对屋顶的装饰极其重视，老幼妇孺都十分喜爱并欣赏艺术。装饰艺术能带来放松、舒适和温暖的体验，甚至还能够促进食欲。屋顶上精心设计的装饰展现了当地居民对建筑美学的关注和热爱生活的态度。

四、木柱

中国传统建筑是精巧的榫卯结构，而榫卯结构又以木构架为主，木柱是其中最重要的部分之一，主要作用是承重，整个屋子的重量会通过横梁集中到木柱上。为了让外表看起来美观，工匠会对木柱的两端和表面进行细致的加工，作为主要部件，其装饰风格应该大气恢宏，工匠们用巧夺天工的技法，雕刻出线条流畅、细节完美的图案，再以雕刻出来的图案为基础，如作画一般分别涂上各种颜色，让木柱外形看起来更加美观。这种操作在《营造法式》一书中被称为"杀"，如"卷杀"就是指将某部位雕刻成类似弧形的折线，这种做法同样被运用在新疆传统民居建筑的装饰上。

用一些约定俗成的表现手法雕刻出来的柱子被称为柱式。新疆传统建筑柱式根据所在位置的不同可分为室内柱式和外廊檐柱式；按结构造型的不同通常分为拱廊柱式和传统柱式。整个柱式的装饰部位由柱托、柱头、柱身、柱裙、柱础五个部分组成。柱式的题材纹样和题材内容都比较丰富，龛形纹、几何纹、植物纹、彩绘、圆雕、浮雕等都是常用的装饰方式。

有的拱廊柱头采用龛式造型装饰，在与柱身连接处收边，柱身被边线分割成六棱，攀枝纹作为装饰环绕柱身，柱身下部装饰有忍冬纹样，柱础为四棱形。

有的传统柱式由上至下依次是柱托、柱身、柱裙与柱础，柱裙部位用圆雕装饰并粉刷不同颜色的漆。

五、木栏杆

栏杆是民居中常见的结构，也是一种安全措施，起到分隔导向的作用，古称阑杆，也叫钩阑。新疆传统建筑中的栏杆是由木头制成，采用圆雕、透雕等木雕工艺进行雕刻，还会涂刷油漆以增强装饰效果，风格与柱廊的装饰相统一，提升了整体的观赏性，还能衬托出建筑的恢宏气势。栏杆主要分为三个部分，分别为扶手、立柱以及基座，另外，一些栏杆还会在立柱上雕刻条状凹槽用来更好地固定扶手。明、清两代根据木栏杆的基本构造和样式，以及所处不同位置可分为一般栏杆、朝天栏杆和靠背栏杆。在新疆，无论是平房还是楼房都会有木栏杆作为装饰，主要用在楼梯上、檐廊外侧、亭台楼阁外围、门口的台阶两侧和阳台外围。

通常只有栏杆的立柱和条状凹槽两个部分有较为复杂的设计，扶手只是一块简单的方形木板，扶手下面的部分才会雕刻精美的植物图案，纹样包括攀枝纹、藤蔓、缠枝纹等独立纹样；立柱的样式多样，镟销出的木条造型丰富，用圆雕工艺技法做类似于花瓶形、石榴花、鼓形、陀螺形等美丽的装饰图案，图案的线条流畅，风格多样，增强了建筑的装饰效果。

有的栏杆颜色与棕色相似，很容易让人们联想到包容性极强的土地，同一种颜色在不同的季节会带给人们不同的感受，但不变的是一种朴实的温暖。再从结构来看，最上方侧面是刻有两条凹槽的简约扶手，非常朴素大方。扶手往下是普通方形柱头，再下面就是涡卷的花瓶形和菜坛形立柱。整体线条非常柔和，底部的基座形状跟扶手形状相同，使栏杆和谐一致。

有的栏杆整体颜色是枣红色，下面的方框被涂刷成金色，金色框内部雕有精美的花朵纹样，下面是方形的立柱柱头，造型简单大方，再往下是涂刷成枣红色的花瓶形柱体，颜色明亮且引人注目，整体风格鲜明，蕴含着深厚的文化底蕴。

有的栏杆的材料是天然杨木材料，扶手是一块天然的杨木板，刻了上粗下细的条状凹槽，下面紧挨着的就是鼓形立柱，两侧雕刻了花朵纹样，再下面的立柱上段是普通的方形，再下是花盆形和蘑菇形立柱，底部是涂了紫红色的石榴花形基座。栏杆的颜色和后面窗户的颜色几乎一致，整体看上去非常和谐。

有的是一个两段拼合的、有角度的栏杆，整体材质是杨木，立柱上端还是方形柱头，中间是茶碗形和花瓶形上下排列的立柱组合，非常美观，旁边柱子的材料也是天然杨木。柱子是典型的阿以旺风格，右边的固定柱采用的是圆雕，球形的柱头、下方的方形柱体和底部方木作为一个整体像是摆在室外的花瓶，可以让来访者感受到房屋主人的热情。

有的栏杆只有一种颜色，立柱中段是花瓶形，花瓶形立柱的上下部都是陀螺形，再加上最下方的方形底座，整体看起来朴素大方又不失格调。

有的栏杆整体是天蓝色，立柱线条较为平滑。扶手部分是简单的方形木板，没有任何雕刻痕迹，下方立柱由鼓形和拉长的花瓶形柱体组成，直接与地面相连，省去了底座部分，设计结合了实际情况，看起来非常巧妙。

有的栏杆是阳台外围的护栏，材料是质地坚硬的桑木，原色已经足够美观，没有再涂刷别的颜色。其与后方墙体和窗户融为一体，浑然天成，有一种朴素的自然美感。

有的栏杆的材料是天然杨木，扶手打磨得很光滑，表面还涂了清漆，木板下方两侧刻有凹槽，下边是镂空的哈密瓜藤蔓纹样，再下方是由陀螺形和花瓶形结合的柱体，最下面的方形底座也刷了清漆，与一旁的台阶和墙体风格统一。天然的原木色看起来朴素自然、简约大方，有一种别样的美感。

有的栏杆整体看起来制作工艺精良细致。最左边的固定柱上是菜坛形的柱头，扶手上雕刻了凹槽，下方立柱由菜坛形和花瓶形柱体组合而成，底座同样刻了凹槽，栏杆总体线条柔和，视觉被抬高拉长，涂刷的颜色与核桃仁的颜色相似，看起来热情张扬，能够很好地抢夺人的视线。

第三节　新疆传统建筑木雕装饰工艺及传承

通过对传统民居木雕装饰的介绍和举例，我们可以基本了解木雕技法在传统木雕建筑中的重要地位以及不同地域所用技法风格也不尽相同的特点。第一，木雕装饰艺术在传统建筑中的实际应用场景、装饰风格与当地的地理环境和人文环境条件有关；第二，传统木雕手工艺需要传承和发展，考察当地传统建筑的风貌及其在建筑中的实际应用情况，可以帮助人们更好地了解木雕技艺本身，从而呼吁人们关注木雕技法，让其得到更好的传承和发展。

一、新疆传统建筑木雕装饰工艺

木雕图案被雕刻在木质构件上，可以带给人们视觉和艺术享受，使用不同的工艺技法可以实现不同的装饰效果。新疆传统建筑木雕装饰中，常用的木雕工艺技法有圆雕、浮雕、刻线、贴雕、透雕等5种，日常应用中通常会把这5种工艺技法混合起来。

（一）圆雕

圆雕是立体的，需要把事先锼出来的装饰纹样在圆形或方形的木材上雕刻出来，这样不会影响原材料的坚固程度。成品从各个角度看都是一个完整的雕像。这种技法广泛应用于手工艺品雕刻、建筑木构件上，如柱子、栏杆的镞木条、摇床的扶手等，还适用于木碗、木勺等生活用品。

（二）浮雕

浮雕就是先把要雕刻的纹样画在纸上或直接画在木材表面，然后按照画出来的纹样线条把多余的部分用工具挖掉，再然后将粗略的线稿细致雕刻打磨，最后的成品是凸出来的，就像是浮在木头表面，其是最基本的雕刻技法之一。这种技法被广泛运用到各种场合，也是最为突出的一种。其在新疆喀什地区民居木雕装饰的柱式中出现的频率较高，主要用于外廊的檐口处、院门和柱式等处。首先要把植物的形象抽象成一根一根的线条，再用浮雕技法在木材上雕刻出各种精美的植物图案，比如柱式、门扇上的独立的缠枝纹、石榴花纹、莲花纹等，这些植物纹样通过左右排列形成二方连续的图案应用在木构件上。因为木构件的承重能力不同，所以有浅浮雕或深浮雕之分，木柱子、梁枋等承重木构件上选用浅浮雕，门扇等选用深浮雕。

（三）透雕

透雕需要先准确地将纹样画在平整的木板上作为模板，然后顺着模板上线条的走向进行雕刻，去掉多余的部分留下镂空的花纹。为了不影响雕刻装饰后的部件的实用功能，只有质地坚硬的木材才能使用透雕技法，而且该技法对工匠的技术要求较高。其常用在窗户、隔板、栏杆、门等处。

（四）贴雕

贴雕是把单独雕刻好的透雕作品用胶水或铁钉固定在某一平面上，是与浮雕有类似装饰效果的一种技法，具体来说，首先要在平整且质地均匀的薄板上雕刻出花样，然后再粘贴在需要装饰的部位。这种工艺技法多出现在经济相对发达的伊犁民居木雕装饰中，用在门窗楣、檐口、拱廊柱式等装饰部位，还可以与彩绘配合，丰富装饰纹样的层次。

（五）刻线

刻线技法与浮雕技法类似，都是先在平整的木板上用雕刻刀细致地雕刻出事先画好的图案再去掉多余的部分，只不过刻线技法呈现出来的作品看起来是向下凹陷的。在新疆传统建筑中，常把浮雕和刻线两种技法结合起来使用，二者手法简单却有着很好的装饰效果。

二、新疆传统建筑木雕装饰工艺流程

宋代的《营造法式》一书曾将中国传统建筑的木料工程分为大木作和小木作。

大木作是指制作传统建筑中的承重结构部位，比如柱式、梁枋等；小木作是通过各种木雕技艺对成型的建筑进行加工装饰，包括房屋装修、门窗制作等。木工也分为大木匠和小木匠。两者的操作顺序、工作对象、工作环境和工作技巧都不一样。俗话说："小木匠的料，大木匠的线"[①]，刨料是小木匠必须掌握的一项技能，大木匠的基本功是画线。因为木雕装饰属于小木作的工作范畴，所以下面主要讨论小木作，即新疆传统建筑木雕装饰工艺的操作流程。

（一）挑选木原料

木头作为新疆传统建筑的主要装饰材料，其种类的选取除了要考虑坚固性、硬度、细密度，还要考虑最后出来的成品能不能在当地的气候条件下具有较好的耐用性。因此，木雕装饰制作采用的原料以当地盛产的树木为主，比如胡杨、白杨、松木、杏木、沙枣木、核桃木等，其中白杨又是首选。《齐民要术》曾有："白杨性甚劲直，堪为屋材，折则折矣，终不屈挠……五年，任为屋椽，十年，堪为栋梁。"[②] 新疆的杨木质量上乘，经常用于柱、梁、门窗、藻井等各个部位的装饰。另外，民间还有这样一句谚语："七次量一次裁"，意思是进行雕刻操作前，要先仔细测量好装饰图案的尺寸，将其以合理的比例雕刻在需要装饰的部位，再根据部位和尺寸选用质地均匀耐用、容易雕刻的木材。

（二）干燥

干燥即对木材进行干燥处理，从而防止木材出现变形、开裂等现象，常用的有自然干燥法和简易人工干燥法等方法。

（三）画创意稿并贴到雕刻的木料上

定好木雕装饰部位后，雕刻艺人通过观察自然环境，从中寻找自己喜欢的植物和几何形状，凭借想象力和经验把它们抽象化并画出创意稿，再用墨线勾画放大图样，描到木料上。

（四）进行粗坯雕刻

用木刻刀、凿刀等工具对底图线稿进行粗坯雕刻。加工步骤一般是先做粗，

[①] 纪恭，万里英. 图解木工操作技术[M]. 北京：中国建筑工业出版社，1995.

[②] 贾思勰. 齐民要术[M]. 呼和浩特：远方出版社，2007.

再做细，从前到后层层推进。同时，还要求雕刻时形成的图案轮廓比例协调，有较强的节奏感和整体感。

（五）修光和打磨

为了准确表达工匠的意图，满足木雕细致、光滑圆润的要求，粗坯雕刻后的图案轮廓需要进一步细化处理，进行精雕细刻，再先后用粗砂纸和细砂纸进行打磨，增强作品的表现力，达到细致完美的效果。

三、新疆传统建筑木雕装饰艺术的保护与传承

（一）保护对策

通过前面对木雕装饰工艺技法和工艺流程的介绍，可以看出，随着建筑材料和建筑模式的不断发展，从事传统木雕工作的艺人数量在不断减少，这项传统工艺正面临失传的危机。因此，保护和传承传统建筑木雕技法已经刻不容缓。

保护和传承不能只停留在口头上，也不能一味地进行模仿和复制，培养人才和创新技法才是真正的解决之道。培养人才需要学校和经验丰富的传统建筑木雕艺人互相配合以及政府的支持；创新技法则需要学术科学研究和探索，所以社会和学术界的重视变得尤为重要。总体而言，保护新疆传统建筑木雕装饰艺术需要依靠政府、高校、社会和企业等多方组织协调配合。

首先，需要政府部门的大力支持。现在生活节奏不断加快，当地物质生活条件和以前相比有了很大的改善，人们更多地追求高效率、"快餐式"的生活方式，倾向于选择时间成本和价格成本都相对较低的房屋装饰手段，因此，施工时间较长、价格昂贵的传统手工艺失去了竞争力，选择从事木雕手工艺的人也越来越少。面对这种传统工艺濒临失传、为数不多的传人也无法靠此维持生计的情况，政府部门可以提供一部分经济支持，此外，还可以由政府牵头，开展传统建筑木雕装饰艺术的宣传工作。同时，政府应重视传统工艺工匠的生存问题，出台相关的政策去积极改善他们的生存现状，建立完善的法律体系保护现存的传统建筑不受破坏，建立起制度完善且流通透明的基金运作体系，建立责任分明的组织管理体系。

学校方面，一些专科类学校可以开设与当地传统工艺相关的课程、采用双师教学，即由经验丰富的传统建筑木雕从业技术人员与艺术设计教师共同完成教学。

将传统建筑木雕技艺与高校实验室教学相结合，形成集教学、科研、生产实践相结合的文化传承与创新的试验基地，培养高素质人才。这样做不仅有利于该传统技艺的传承与创新，还将有利于高校拉动地方经济，更好地服务社会。利用高校的优质环境，是新疆传统建筑木雕艺术传承和保护的最佳措施之一。

学术界可以发表文章著作，普及传统建筑专业知识，加深人们对木雕工艺的了解，在技术层面对传统建筑的保护和传承有着重要的作用。因此，先保护技术、保护传统建筑木雕装饰纹样，这样才能为后续保护工作打好基础。研究人员可以在政府的支持下，用绘图软件对传统装饰纹样进行绘制、留存、梳理和创新；另外，对传统建筑木雕装饰艺术进行研究，形成系统的理论知识，作为教学和现代设计的参考。

建筑企业可以从文化融合的方面入手，将传统元素与现代设计相结合并加以创新，秉持"天人合一"的设计理念，为企业带来效益的同时还能很好地保护传统木雕工艺。

公众应该加强自身的文化道德修养、主动学习传统工艺使其成为自身业余爱好，在工艺保护的过程中争取使每个公民都能参与其中。公众的参与是企业、学校保护措施中的关键一环。

（二）传承方式

1.旅游观赏

旅游是一种情绪消费，也是一种生活方式，有着帮助人们舒缓心情，获得力量的作用。我国进入了社会主义发展的新时代以后，人民生活水平日益提高，旅游已经变得越来越日常化。新疆已经成为许多人的旅游目的地，独具特色的自然环境和别具风情的多民族文化可以带给游客新奇的生活体验。为了满足游客的需要和谋求自身的发展，新疆各地陆陆续续开发了许多旅游区，其中最吸引人的除了新疆的自然环境，还有各个民族独有的文化风情。旅游同样是促进文化保护、传承、传播的重要渠道之一，在旅游区陈列精巧的木雕艺术品、排演木雕建筑小品、再现木雕工艺流程，不仅能展示旅游观光景点的文化内涵，还可以展现传统建筑木雕装饰的艺术魅力，激发游客对木雕工艺的兴趣，从而更好地保护和传承传统木雕工艺。

精巧多样的传统建筑木雕艺术品，不仅可以作为旅游观光展示点的展览品，还可以融入日常，在公共空间、公园、园林当中运用传统木雕装饰构件制作展牌为游客介绍木雕艺术。

2. 在现代设计中再设计

现代艺术设计是现代文明和传统文化碰撞融合的产物，体现着两者共同的特征，传统木雕装饰艺术与现代艺术相结合，是人类文化发展的必然趋势，也是其传承和发展的必经之路。

在现代社会，人们在追求高质量生活的过程中，生活节奏不断加快，这在无形中带给人们很多压力，许多人不堪重负，开始寻找灵魂的出口，以缓解现实世界带来的压力，渴望得到精神上的自由。这种渴望是现代工业产品所无法满足的，因此，这种需求可以作为振兴传统木雕艺术的契机。在现代设计中应用传统建筑木雕装饰元素，在传承与创新传统木雕技艺的基础上，充分发挥装饰符号的文化内涵与象征意义，可以提高现代设计的个性化表现力，开拓现代设计的创造性思维。比如，用藻井装饰宾馆和饭店、公共的室内空间，会带给人强烈的视觉冲击。将人和那些久远的年代连接起来，使人感受传统与现代的和谐；木雕柱廊等传统建筑装饰元素可以运用到园林造景当中。现代空间设计中融入传统文化元素不仅能营造文化氛围、满足人们的精神追求，也能实现传统文化的继承。

第五章　大理白族建筑木雕装饰艺术

大理白族建筑木雕装饰艺术是一门独具特色的艺术形式，融合了白族文化、宗教信仰和民间传统，精湛的木雕工艺展现出丰富多彩的装饰图案和艺术风格。这种木雕装饰艺术不仅是建筑的装饰，更是文化的传承和展示，为大理地区的建筑增添了独特的艺术氛围和历史内涵。本章为大理白族建筑木雕装饰艺术，主要介绍了三个方面的内容，分别是白族建筑木雕装饰构件、白族建筑木雕装饰表现形式、白族建筑木雕的保护。

第一节　白族建筑木雕装饰构件

大理民间建筑造型装饰艺术总体可以分为以下类型：一种是固定性装饰，包括墙体装饰（山墙、侧墙等，以照壁为主）、门装饰、屋顶艺术、木构造装饰（柱、枋、抱头梁、托梁等）；另一种是可移动性装饰，如室内装饰、家具陈设等。还包括小品雕刻在内的各种雕塑，这些共同构成了大理民间丰富的艺术语言，它们以形态各异的符号，传达出大理源远流长的文化与丰沛的民众情感，成为居住者与创作者之间的心灵沟通桥梁。

白族建筑装修种类繁多，按照空间分为两部分：室外装修和室内装修。室外木雕常年风吹日晒、易受雨水侵蚀，因此室外装修要考虑到用材、雕刻、装饰、做工等方面。分隔室内外的门、窗、户，包括大门、屏门、风门、隔扇、槛窗、支摘窗、栏杆、什锦窗等均属于此类；室内装修，即用于室内的装修，与家具陈设一样，有较高的观赏性，和室外装修相比，各方面都更精细，室内的花罩、博古架等都属室内装修。

一、门、窗

白族建筑修造的房屋一般先用梁、檩、枋、柱等大木作构成骨架,然后在枋柱间安装门窗、隔板、槛框等物。在外柱间的是"檐里安装",在廊子里面金柱间的为"金里安装"。门窗大小随意,没有限制。槛框是门窗的架子,附着在梁枋柱之上,尺寸较大,水平的构件为槛,垂直的构件为框。根据位置不同,包括下槛、中槛、上槛、风槛、榻板、抱框、间柱等。下槛、中槛、上槛是柱与柱之间的三道横木:下贴地面的是下槛,上接檐枋或金枋的是上槛,上下槛之间的就是安装门窗的分位。若是上下槛距离过大,就得在中间加用一道槛,就是中槛,又称挂空槛。这种情况下,上槛又叫作替桩,中槛亦可称为上槛。替桩与中槛间若用窗则叫横批窗,若用板则为走马板或障眼板。在门窗两旁靠柱处所用立木,叫作抱框或抱柱,主要用于调节柱的侧脚,使柱表面结合紧密,同时能保证门、窗垂直,方便开合。横批上所用较短的抱框称短抱框。在支摘窗装修上常常可以看到间柱,其在面阔较大的开间上有分间作用。窗下有砌墙的,此矮墙即槛墙,槛墙上平安榻板。榻板上可以安装风槛,两侧立抱框,槛框之内安槛窗、支窗等。

(一)门

1. 大门

大门是白族建筑中最重要的部位之一,作为整个院落建筑群中第一个建筑,它的形象在很大程度上决定了别人对整个建筑的初始印象。在旧社会,门楼的装饰规模通常是主人地位的象征。在风水学中,南方属火,而木忌火,所以大门不朝南开;为了突出"左青龙,右白虎"的特点,大门不能直接对着堂屋,又因为大理风势较大,且风向还多沿苍山洱海呈南北走向,正房坐北面南或坐西面东,所以大门多位于左侧东北角,有一定的避风效果。

主人的经济能力不同,大门的规模、形式与质量也不尽相同,通常分为有厦大门和无厦大门两类。有厦大门历史悠久、格式固定,惯例是三间牌楼形制,分为"出角"(即"三滴水屋面")和"平头"(即"一滴水屋面")两种。大型民居以有厦"三滴水"式最为华丽精美,中部檐角翘起,檐下斗拱重叠,直至花枋,两边为彩绘、泥塑花饰,并镶大理石,斗拱装饰或为木质或瓦质。纸筋灰的泥塑纯属装饰,并无支撑作用,只为增加气势。在宽度不足两米的大门上,架设斗拱,并有斜拱衬托,看上去层层密布、华丽至极。此外,木质斗拱的端头被雕成"龙、凤、象、草",斗拱雕成八宝莲花,加以漆饰。斗拱下面是重重镂空的花枋,"八字墙"翼墙的砖砌框格里嵌入了风景大理石,或彩塑人物山水、翎毛花卉等。整座门楼被装饰得琳琅满目,因为装饰过于华丽,工艺技术要求很高,造价更是三开间一层一"坊"房屋的两倍,不免有过奢之嫌,所以是豪门显贵为彰显身份而建,同时还反映出当时白族工匠高超的技艺。门楼的主要色调是中部为红黄等暖色,两侧为蓝绿等冷色,冷暖结合,显得富丽堂皇。有的大门斗拱层次减少,横枋以上镶大理石,并施彩绘,下开圆门或方门,做法比较简洁,也不失为优美之作。一滴水屋面大门则比较简洁、朴素、亲切。白族民居的大门尺度适中,一虚一实、造型精致。

大门上根据各家名位和祖上地位悬挂匾额,有的白底黑字,有的红底金字,有的金底红字。如"将军第""大夫第""进士第""科贡第""经魁第""亚元第"等。大门口两侧有雕刻雄狮,一左一右,门墩两侧插香花瓶,整座门楼造型古朴、大方。

2. 槅扇门(格子门)

在唐代已经有了槅扇门,应广泛应用于宋、辽、金时期,明、清时期更是普遍。宋代称其为"格子门",安装在建筑物金柱或檐柱间,作为建筑物的外门或内部隔断,每间可用4、6、8扇,每扇的宽高比在1∶3和1∶4之间。槅扇门由边挺、抹头等构件组成,发展早期抹头很少,如山西运城寿圣寺呈八角形单层塔的砖雕槅扇门仅3抹头。宋、金时期一般用4抹头,明、清两代最常见的是5、6抹头。门身由外框、槅扇心、裙板及绦环板组成,外框是槅扇的骨架,槅扇心是安装在外框上部的行屉,有菱花和棂条花心两种。安装在外框下部的隔板叫作裙板,绦环板(宋称"腰华板")是安装在相邻两根抹头之间的小块隔板。唐代门窗常用直棂或方格,宋代又增加了柳条纹、钱纹等,明、清时期的纹饰更是不胜枚举。框格间可糊纸或薄纱,还能嵌入磨平的贝壳。裙板在宋、金时期开始有了花卉或人物雕刻,也是槅扇的装饰重点。边挺和抹头表面有各种凸凹线脚,还能在合脚处包以铜角叶，起加固作用，还有装饰效果。

另外，白族民居院内走廊口及正房处的雕花格子门，多以楸木、樟木、椿木等为原材料，上半部分通常为镂空透雕，下半部分则多为浮雕。雕花格子门一般由6扇组成，每扇门宽1尺5寸3或1尺5寸6，高7尺4寸，每扇格子门由五块木板组成，两块大的和三块小的，每块上面都有非常精美的木雕，是整扇门最重要的装饰。白族民居不论大小，都采用雕花门，精致程度通常与工匠的技术和房主人的财力相关，纹样内容多为"双凤朝阳""二龙抢宝""八仙过海""喜鹊登梅""渔樵耕读""博古陈设""翎毛花卉"等。其中最精妙的是多层透雕的格子门，从正面看有仙佛人物、花鸟山水、"五"字等多种不同的图案，还配合使用了浮雕和圆雕技法，近看层次清晰，远看使人眼花缭乱。个别富豪之家用上好的木料，加以细致雕琢，并漆饰彩色局部贴金，这样的格子门完工需要工匠花费几年甚至几十年的时间。据说，工匠所得工钱银两数是根据雕琢下来的木渣重量计算的，可见其精美程度。

（二）窗

汉代明器中窗格已有多种式样，如直棂、卧棂、斜格、套环等。唐代以前仍以直棂窗为多，但固定不能开启，因此，窗的使用功能和造型都受到一定限制。虽然汉明器陶楼中出现过支摘窗形式，但为数不多。宋代起开关窗渐多，改变了上述情况，窗在类型和外观上都有很多发展。大理白族民居中有一般的"丁工花"式的支撑窗，近代有小条窗，隔心部分用圆板块雕刻成方眼格，或装"美女框"式玻璃窗。窗上有透气花格，下部槛墙做成木质裙板，板上有画或雕刻的各种鸟兽图案。此外，漏窗在大理民居中也很常见，窗孔形状有方、圆、六角、八角等多种形式。窗格的图案多种多样，大多与中原窗格做法类似。白族木雕借鉴中原法式，加以改造变形，形成许多新的图案，再加上云南地处少数民族地区，窗格做法不如官式做法恪守规矩，相比之下显得灵活多样。

二、梁、柱、枋额

梁、柱的装饰有梁头、花枋等部位，主房明间廊柱上的梁头是装饰的重要部位之一。白族民居梁柱木雕极为精美，古民居多雕成云纹、回纹、鳌鱼、夔龙、夔凤之类，后逐渐演变为较生动的龙、凤、象、麒麟等。近代的房屋所雕的动物已不仅仅局限于神兽，出现了狮子、奔跑的兔子等，还有用拼贴的方法加厚梁头的左右两侧，使其更加浑圆饱满、异常生动。剑川县内有的民居挑梁，往往做成阑额枋上加坐斗的形式。廊柱插梁下面的花枋、檐口等多施两面透雕。

三、雀替、挂落

檐下的雀替形态各异，方形、圆弧形较常见。题材多是线条舒展的大卷草、有棱有角的博古架，在剑川景风公园内还有动物抽象变形的雀替，十分生动。挂落位于檐下柱间，由几何图案、花草或龙凤形象组成，题材有二龙抢宝等。雀替与挂落多为透雕，有的还将圆雕技法融于透雕技法之中，整体造型曲折回转，工艺达到极高的水平。

四、室内部分

（一）花罩

花罩是室内装饰的重要组成部分，是用硬木浮雕或透雕成的几何图案或缠交的动物、植物、神话故事等，在室内起着隔断空间和装饰的作用。木雕装饰中的花罩，有几腿罩、落地罩、落地花罩、栏杆罩等。其中落地罩中又有不同的形式，常见的有圆光罩、八角罩以及一般形式的落地罩。一般情况下各种花罩都安装在居室进深方向柱间，起分隔间的作用，使室内明、次、梢各间形成既有联系又有分隔的空间关系。白族建筑借鉴了中原建筑装饰中的花罩，结合本地实际情况，将花罩运用于门的位置，在柱间做满装饰，主要用来分隔室内外空间，但这种现象比较少见。

（二）家具陈设

1. 家具

根据文字记载和画像石等资料可知，六朝以前，人们大多采用"席地而坐"的方式，因此一般家具都较低矮。五代以后，"垂足而坐"成为主流，家具尺度相应增高，种类和外形也逐渐定型成熟。家具尺度的变化和当时室内空间的扩大有着一定的关系，日常使用的家具有床、榻、桌、椅、凳、墩、几、案、柜、架、屏风等，考究者会选用紫檀、楠木、花梨、胡桃等木材做家具，有的还搭配大理石，或用藤、竹、树根制作，在造型和工艺上都达到了很高的水平。建筑中的某些构件和构造形式，也被运用到家具中，如门、曲梁、收分柱和各种榫卯。在五代、宋、金时期的绘画与墓葬中的砖雕和壁画中，都有许多例证。明代家具的水平又有了提高，如使用断面为圆或椭圆形料代替方料，榫卯细致准确，造型注重适应人的使用，外观美观大方、简洁而不使用过多的装饰等。清代家具更注重装饰，线脚较多，有的还嵌以螺钿，外观较华丽但显烦琐。在重要的殿堂中，家具多依明间中轴作对称布置，即成双成套排置，但居室、书斋等不拘一格，常随意处理。

一般白族成套家具有两椅子把、两个花几、一个茶几、两个小凳、一张供桌、一张电视桌。大理地区白族家具的主要艺术特色在于多用雕刻，雕刻手法多样，图案纹样丰富。白族雕花家具常与大理石相配，即"木框石心"，注重木质与石质，木纹与石纹的对比，通过对比加强造型的艺术效果。因此，云南白族家具在结构、色彩、形态和工艺等方面都具有特色。

结构方面：白族家具除了普通的直角榫结合，常见的还有：横材与竖材的丁字形结合、直材的角结合、拼板和嵌板结构、脚架结构、腿与面、牙板的结合、托泥与腿足的结合、弧形材料的结合、活榫开合结构、其他部位的结合等。

色彩方面：白族家具的用色有鲜艳、素雅、华贵等特点，白族家具上的装饰图案与纹样，体现了白族人民对生活的热爱和对美的追求，反映了不同历史阶段社会的政治、经济和科学技术水平，与白族人的艺术道德、信仰风俗和生活习惯紧密地联系在一起，是白族古往今来丰厚的文化艺术传统渗透到人们日常生活的体现，显示出白族人民非凡的洞察力、想象力和创造力。

形态方面：白族家具的纹样图案，无论是题材内容，还是艺术风格都有代代相承的脉络，同时又屡屡接受外来文化的影响，不断丰富充实和变化发展，形成了典雅柔美、简练秀丽、朴素自然的风格。白族家具中线的运用富有特色，特别讲究线条美，不但雕刻纹样以线取胜，借助家具的外形进行夸张变化，而且家具外部轮廓的线形变化，因物而异，给人以强烈的线条美。

工艺方面：雕刻手法常用毛雕、平刻、浮雕、透雕、圆雕，有时会把几种雕刻手法综合在一起。白族把表现民族风格的图案纹样雕刻于家具上，使家具寓意丰富、风格独特，显得华丽而又朴实。白族家具的制作工艺主要有干燥、描形、雕刻（浮雕、透雕、平刻及少数圆雕）、打磨、光面与上料等步骤。

2. 陈设

室内陈设以悬挂在墙壁或柱面的字画为多，有装裱成轴的纸绢书画，也有刻在竹木板上的图纹，一般厅堂多在后壁正中上方悬横匾，下方挂堂幅，并配以对联，两旁置条幅，柱上再施木、竹板对联，或在明间后檐金柱间置木槅扇或屏风，上绘刻书画诗文、博古图案。在敞厅、亭、榭、走廊内，由于易受风雨，所以多用竹、木横匾与对联，或在墙面嵌砖石刻。匾联形状大多是矩形和条形，有时也用手卷形、叶形、扇形等式样。木制的匾联大多以红、黑、金色漆为底色，竹制的则常保持其本来质地；字画嵌以墨、金、石绿，印章用朱砂。此外，在墙上还可悬挂嵌了玉、贝、大理石的挂屏，或在桌、几、条案、地面上放置大理石屏、盆景、瓷器、古玩等。

在大理白族的正楼或堂屋中，供奉的神多为"三教"并列，首先供奉的是太上老君和观音佛像；无佛像的人家，则写"天地君亲师位"，其来源于全真教的"君、亲、师"三位一体的伦理观念；其次是祖先牌位、神像。牌位的供奉处所，是家庭中最神圣的地方，也是民间室内家具装修的重点，有佛龛、供案、神桌等一系列围绕神位的家具陈设。供神的佛龛，多为并列三间，叠拱起翘，密檐排柱，门、窗雕饰制作精巧，不亚于寺庙观宇的技艺。

3. 工艺品

木雕工艺品是高度娴熟、精湛的工艺技术与具有民族特色的典型艺术相结合的一种艺术品，可分为观赏性的木雕陈设工艺品和木雕实用工艺品两类。木雕陈设工艺品就是陈列、摆设于柜、窗、台、几、案架之上，供人欣赏的小型、单独的艺术品，起到点缀与美化环境、陶冶人们思想情操的作用，给人以美的享受，属于精神文化生活的范畴。白族的木雕陈设工艺品注重时代性与实用性，表现题材内容广泛，有花卉、飞禽、走兽、仕女等，还有人体艺术作品。木雕实用工艺品，即利用木雕工艺装饰的实用性与艺术性相结合的艺术品，又可分为木制品木雕装饰和其他工艺品的木雕装饰两类。白族木雕装饰工艺品比较多，如落地灯、壁灯、漆器屏风、木刻屏风、镜架、笔筒、木刻钟座等。用木雕装饰其他工艺品的范围就更广泛了，如几、座、案、架。配制装饰的对象很多，如玉器、牙雕、景泰蓝、花瓶、花盆、玛瑙、翡翠、珠宝首饰、瓷器等。这些艺术品配以木雕，既烘托了主体，又丰富了整体，从而增加了艺术魅力。

第二节　白族建筑木雕装饰表现形式

一、表现题材

白族木雕艺术，犹如中国传统文化宝库中的一颗璀璨明珠，不只是展现了白族群众的聪明才智，更是流传千古的文化财富。这些木雕佳作以其精湛的手艺和繁复的纹饰而闻名，每件作品都经手工精心打造，饱含独特的个性与活力。在白族的社会观念里，建筑不单是生活的场所，它还象征着社会身份和文化归属。因此，建筑上的装饰，特别是木雕，具有丰富的文化寓意和社会意义。

白族的建筑木雕常常汲取自然元素，山水、植物、动物等元素在白族工匠的巧手下焕发新意。他们不只是单独地模仿自然的外形，更是在用心体验并传达对自然的崇敬与珍爱。这些装饰使得白族的建筑与周边的自然景观和谐相融，映射出白族人与自然相亲相融的生活理念。

白族的建筑木雕，不仅仅为建筑增色，它也是白族文化的一个重要方面。这些木雕以其细腻的工艺、精美的设计和深邃的文化底蕴，吸引了众多欣赏者与学者。它们记录了白族的历史与文化，同时也体现了白族人民对于美好生活的不懈追求。保护与发扬白族木雕艺术，对白族文化乃至于全中国和全世界的传统艺术，都具有不可估量的价值。

（一）植物

在白族建筑装饰中，因为植物形态比动物形态更好掌握，所以植物装饰题材显得异常丰富，所占比例也相对较大。常见的有莲花、菊花、桃花、牡丹、松、竹、梅、佛手、石榴、香草等。这些植物大都有高雅、吉祥的寓意，人们寄观念理想于图案之中。

牡丹，花瓣鲜艳、花朵密而成片、品种繁多、色彩瑰丽，有"花中之王"的美称。常以其色彩、形状象征富贵吉祥，在植物纹样中占很重要的地位。

春秋时期的立鹤方壶颈部的两层莲荷瓣装饰是最早的莲花图案，战国时期的彩陶表面也有莲荷纹样。人们对它的认识产生得很早，早在佛教传入中国之前就有人已将其作为装饰题材。莲花有着"出淤泥而不染"[①]的高贵品格，被广泛运用在白族建筑装饰中。

松、竹、梅三者皆于严寒之中傲然矗立，被称为"岁寒三友"，常被借喻人品高洁，同样是建筑装饰中的常用题材。文人骚客、归隐居士用此三物装饰宅邸，表现自己清高脱俗的品质。

菊花在白族文化中被赋予了丰富的情感内涵，白族建筑木雕菊花纹样也承载着白族人民的文化情感和审美追求。人们常用菊花来表达对美好生活和崇高品质的向往。菊花纹样不仅仅是一种装饰，更是白族人民文化情感和审美理念的寄托。白族建筑木雕菊花纹样不仅广泛应用于传统民居、庙宇、祠堂等建筑中，在公共场所和旅游景点的装饰中也很常见。这些木雕装饰不仅是建筑的点缀，更是文化的展示和传承，为建筑空间增添了一抹独特的艺术氛围，增加了其历史内涵。行走在白族聚居地的街头巷尾，随处可见一些精美绝伦的菊花木雕作品，它承载着白族人民的文化情感和审美取向，展现着白族建筑木雕菊花纹样的独特魅力和艺术价值。

石榴在白族文化中象征着繁荣、幸福和团圆，因此成为白族建筑装饰中常见的主题之一。石榴纹样展现了白族人民对生活的热爱和对美好的追求。每一个细节都蕴含着丰富的文化内涵，传达着白族人民对美好生活的向往。这种木雕不仅令建筑更具艺术感和历史厚重感，也让人们深刻地感受到白族文化的独特魅力。白族人民常将石榴与佛手、桃同时雕刻，这三者合称"三多"，即"多子、多福、多寿"。

（二）动物

在白族建筑装饰中，用动物作为装饰主题的也相当普遍。龙、虎、凤、龟、蝙蝠、鸡、鳌鱼都比较常见。大理民居木雕中的灵物造型，寄托了人们的多重思想和复杂心理。人们把自身向往的各种优良品格加之于这些灵性化的臆造物上，赋予它们多种含义，如权力、富贵、吉祥等，以慰藉现实生活中的种种不如意，

---

① 仲新朋. 中华典故 [M]. 长春：吉林文史出版社，2019.

它也是人们想要征服自然、控制自然的欲望的体现。另外，赋予它们自身或地区民族共同崇尚的品质意义，是人们对自身能力的一种对象化表达。

龙、虎、凤、龟在古代被称为四灵兽。龙是"四灵之首"，象征中华民族长期互相影响、融合与团结；凤则象征如意吉祥；麒麟象征祈求子孙繁荣和幸福；龟象征着长寿健康，是"四灵"中唯一真正存在的生物。这四种生物在中国传统的建筑木雕中极为常见，在白族的建筑木雕中同样如此，而且，在白族的建筑木雕中，这四种生物还会与植物纹样组合，形成一种全新的纹样形式。

在大理民间有许多关于金鸡镇邪的传说。人们把鸡视作吉祥之鸟，还逐渐演化出"金鸡"的概念。鸡克五毒的说法演化出了象征吉祥的鸡心图案，有着一定社会文化基础。

蝙蝠，其貌丑陋，令人生畏。但事实上蝙蝠是益鸟，我国人民古时视蝙蝠为吉祥的象征，取其谐音"福"，蝙蝠图案在白族的建筑、家具、服装和器皿上随处可见。

鳌鱼，相传在远古时代，金、银色的鲤鱼想跳过龙门，飞入云端升天化为龙，但是它们偷吞了海里的龙珠，只能变成龙头鱼身，称之为鳌鱼。鳌鱼在白族文化中象征着长寿、吉祥和幸福，因此成为白族建筑装饰中常见的图腾之一。这种木雕不仅在建筑上起到装饰作用，更是白族文化的延续和体现。

除了单一的动物与植物纹样，白族建筑中植物与动物融合的木雕纹样也是一种独特而引人注目的艺术表现形式。这种纹样将植物和动物巧妙地组合在一起，呈现出浓厚的自然气息和生机盎然的美感。这种木雕纹样不仅起到装饰作用，更表达了人们对自然界的敬畏和热爱，同时也体现了白族文化中人与自然和谐共生的理念。通过欣赏和研究白族建筑中植物与动物组合的木雕纹样，我们可以更好地理解和感受白族文化，以及他们与自然和谐共生的理念。这种独特的艺术形式不仅展示了白族人民的智慧和审美情趣，也为我们打开了一个了解和认识少数民族文化的窗口。

白族建筑中常见的香草蝠纹木雕是一种富有象征意义的艺术表现形式。在白族文化中，蝙蝠象征着吉祥和幸福，而香草则代表着美好的愿望和丰收的希望。将这两者融合在一起的木雕纹样，不仅有建筑装饰作用，更是白族人民对美好生活的向往和祈愿的体现。

牡丹蝠纹是白族建筑中一种常见的木雕纹样，融合了牡丹花和蝙蝠这两个象征意义深远的元素。在白族文化中，牡丹象征着繁荣昌盛和富贵吉祥，蝙蝠则代表着幸福，将这两者结合在一起的木雕纹样传达了白族人民对繁荣和幸福的向往和祈愿。

除此之外，香草也经常与龙纹、凤纹相融合。香草龙纹是将香草与龙这两个象征性元素结合在一起。在白族文化中，龙象征着祥瑞、力量和权威，而香草则代表清香和祝福，二者的融合展示了白族人民对祥瑞、力量和吉祥的追求。纹样的每一个细节都展现了他们对传统的珍视和对自然界的敬畏。

（三）文字

文字装饰即以文字本身为内容构成的装饰。白族建筑木雕、砖石雕多以文字为装饰内容，比较常见的有寿字和福字。

寿字象征长寿，福字象征幸福，都有吉祥意味。一般寿、福二字的装饰是将两者的篆、隶等各种字体排列成片刻在木槅扇或砖、石墙面上形成一组装饰画面。较富裕的家庭还会将一百个不同字体的寿字、福字写在一处，称之为"百福百寿图"。

通过巧妙的组合可以表现不同的题材，如用蝙蝠、卍字、寿字组成"万福万寿"图案；使用蝙蝠（或佛手）、葫芦（或石榴）、桃（或寿字）组成"多子、多福、多寿"；用卍字、柿子、如意组成"万事如意"；在花瓶内插上月季花（或四季花）表现"四季平安"；兰花、灵芝表现"君子之交"；灵芝、兰花、牡丹花组成"兰芝富贵"；芙蓉、牡丹表现"荣华富贵"；葫芦、石榴或葡萄加上缠枝绕叶，表现"子孙万代"等。

（四）博古

博古题材多为陶瓷、漆器、珐琅、犀角等。八宝（犀角杯、芭蕉叶、元宝、书、画、钱、灵芝、珠），道家又称"暗八仙"（玉笛、葫芦、莲花、阴阳板、团扇、宝剑、渔鼓、花篮），白族木雕中使用较广泛。

（五）山水风景

山水风景多是再现优美的自然风光、田园风景，有时还配以诗句，达到诗情画意的美好意境。例如云南省玉溪市的通海小新村三圣宫，雕刻于格子门上的一蓬竹子上，由竹林的竹叶拼凑成的描绘三圣宫形象的七言诗"水绕楼船起圣宫，双龙发脉势丰隆。春山拥翠千年秀，不赖丹青点染工"[①]，比喻十分贴切。

（六）几何纹样

几何纹样作为一种装饰大量出现在我国早期的陶器以及之后出现的青铜器、漆器上。几何纹样源于人类对客观事物的观察，人们通过提炼、抽象，概括出各种几何图案。波浪纹、雷纹、旋涡纹等并非自然环境中的真实形态，而是经过抽象化的简单线条，与客观世界的自然景象或动、植物等形象不同，用这种源于大自然的纹样来装饰窗格，反映出人们对大自然美好事物的追求。

白族建筑装饰中的几何纹样多用于边框装饰或衬底装饰，成片成条地出现。与其他装饰内容相比，它们在建筑装饰中不占主要地位。几何纹样通常由直线、曲线以及三角形、正方形、长方形、圆形、菱形、梯形等构成，常以单体或组合的形式出现。四方格、象眼格、美女格、菊加梅、龟板纹、冰裂纹、马蹄、直解斜斗、四星捧月、月中花等几何图案中所包含的人文内容虽不多，但其韵律感强、形式流畅，能给人们带来视觉和心理上的愉快，是一种独特的装饰类型。

"步步锦"图案的基本线条是横线和竖线，两种线条按一定的规律排列组合在一起，周围还有简单的雕饰。"步步锦"的命名，反映出人们渴望步步高升，追求锦绣前程的美好愿望。

"灯笼框"（又名灯笼锦），也是一种常见的传统窗格图案，是把灯笼的形象简单化、抽象化，在周围点缀团花、卡子花等雕饰，图案简洁明朗。灯笼框窗格中间空白面积较大，可在上面写诗作画，或绘梅兰竹菊，山水花鸟，清新而典雅。灯笼是光明和喜庆的象征，以抽象的灯笼图案装饰窗格，表达了人们对美好生活的向往。

"龟背锦"，以八角或六角几何图形为基调装饰棂条。龟在古代是长寿的象征，用龟背纹作装饰图案，有希冀健康长寿之寓意。

总之，这些由劳动人民创造出来的艺术表现形式，不仅反映出古代白族人民的聪明才智和创造才能，还从侧面反映出古代物质文明和精神文明达到的高度。这些传统的艺术形式，需要我们保留并继承。

---

① 梁耀武. 新编玉溪风物志[M]. 昆明：云南人民出版社，2000.

（七）故事类

在白族建筑装饰中，尤其是木雕格子门的裙板上，经常能见到以各种故事为题材的装饰。它们能流传至今，可见其在人们心中的分量很重，故事内容极其广泛，涉及历史事件、神话传说、民间故事等。

历史故事大多来自文学作品，例如三顾茅庐、负荆请罪、桃园结义等；神话传说，这类题材比较广泛，如后羿射日、嫦娥奔月、八仙人物等；民间故事多为白族口头流传的一种文学形式，代表了人们对生活的美好愿望。例如：大理喜洲圣源寺木雕格子门的装饰记述了《白国因由》中所有的故事。

大理圣源寺，古称圣元寺，位于点苍山五台峰下，大理喜洲镇庆洞村西面，始建于隋朝末年，是云南地区最早的寺院之一。相传唐贞观年间，观世音菩萨化为梵僧在此降伏罗刹，并点化蒙氏创立南诏国，得到了南诏国王室供养。宋真宗时期，因毗邻供奉大理国王室远祖段宗榜的"中央皇帝本主庙"神都而得到大理王室的重建，当时被称为"妙香国佛都"，元明清历代几毁几建。清康熙年间重建时改南向为东向。现存寺院基础格局为清光绪年间重建，其中大殿南边的观音阁为元代建筑，观音阁所供奉的"建国圣源观世音菩萨"是全国为数不多的比丘观音像，被当地人亲切地称为"观音老祖"，这是佛教中国化和大理本土化的重要展现。这个典故来源于清康熙年间圣源寺住持寂裕和尚所刊印的《白国因由》一书，其是记载大理地区宗教、神话和民俗的史料。同时圣源寺大殿的格子门原有精美的白国因由木雕，其展现了大理人民的观音信仰，可惜被毁，现依稀可以看见一些历史的痕迹。

二、装饰部位

（一）插头

在白族建筑木雕中，插头是一种常见的装饰元素，通常位于梁柱交接处或建筑主体的顶部。这些插头通常以木雕的形式呈现，包括各种吉祥图案、动植物纹样或神话传说中的人物形象。插头的设计精美细致，体现了白族人民对传统文化的珍视，同时也反映了他们对家庭、社区和祖先的尊重与纪念。

插头不仅仅是建筑装饰的一部分，更是白族文化中传统生活方式和家族观念的体现。通过插头的精美雕刻和独特设计,我们可以窥见白族人民对家庭团聚、祖先传统以及社区凝聚力的重视。每一个插头都承载着丰富的文化内涵,传达着对过去的怀念和对未来的祈愿。

白族建筑木雕中的插头形式有很多。

(二)插角

白族建筑中独具特色的插角木雕,是一种令人惊叹的艺术表现形式。这些精美的木雕不仅令人惊叹于其精湛的工艺和细致的雕刻,更重要的是展现了白族人民丰富的建筑智慧和独特的审美情趣。插角木雕作为白族建筑的重要装饰元素,不仅令建筑更加华丽壮观,更承载着丰富的文化内涵和深厚的历史记忆。

白族插角木雕的独特之处在于其造型和工艺。无论是复杂的纹样还是精细的雕刻,每一处细节都展现了工匠的高超技艺和对艺术的热爱。这些木雕不仅在建筑上起到装饰作用,更是一种对传统文化的传承和弘扬。通过插角木雕,人们可以窥见白族文化的丰富内涵,感受到历史的沉淀和传统文化的魅力。

在白族人民的生活中,插角木雕不仅是建筑的点缀,更是文化的载体,承载着白族人民对生活的热爱。每一件插角木雕都是工匠智慧和心血的结晶,是白族的瑰宝,也是历史的见证者。因此,白族建筑中的插角木雕不仅是艺术品,更是一种文化符号,代表着白族人民对美好生活和传统价值的追求。

白族建筑木雕中的插角形式有很多,如吊花插角、香草凤纹插角等。

(三)悬板

白族建筑中,悬板木雕非常常见,它不仅展示了白族人民对自然、宗教和生活的深刻理解,更体现了他们对传统文化的珍视和传承。这些精美的木雕作品常常被用于装饰白族传统建筑,如民居、寺庙和祭祀场所,为这些建筑增添了独特的艺术魅力和历史厚重感。

悬板木雕通常以白族传统文化和宗教信仰为主题,其图案和造型多样且富有象征意义。从神话传说到自然景观,从宗教仪式到日常生活,这些木雕作品展现了白族人民丰富的精神内涵和审美情趣。通过精湛的雕刻技艺和细腻的表现手法,艺术家将自己的情感与思想融入每一件作品之中,使其不仅是艺术的展示,更是文化的传承和延续。

白族建筑中的悬板木雕不仅是艺术品，更是一扇窥探白族文化精髓的窗口。通过欣赏和研究这些作品，人们可以更深入地了解白族人民生活方式，从而促进不同民族之间的文化交流。这些古老而珍贵的艺术品，承载着丰富的历史记忆和文化沉淀，彰显着白族文化的独特魅力和辉煌历史。

白族建筑木雕中的悬板形式有很多，如莲花动物纹悬板等。

（四）吊柱

白族传统建筑中的吊柱是一种承载着丰富文化内涵和独特艺术价值的装饰木雕。这些吊柱不仅仅是建筑结构中的支撑物，更是民族精神和传统价值观的载体。白族吊柱的雕刻工艺精湛，常常融入了丰富的民族图案和符号，反映了白族人民对自然、生活和宇宙的理解和崇敬。

白族吊柱不仅仅是建筑的装饰，更是文化传承和民族认同的象征。它们承载着丰富的历史故事和民族记忆，是白族建筑中不可或缺的一部分。通过吊柱的雕刻和设计，人们可以窥见白族人民对生活的热爱、对自然的敬畏以及对传统的珍视。

在当代社会，白族吊柱不仅仅是文化遗产的象征，更是文化创意和艺术设计的重要源泉。许多艺术家和设计师从白族吊柱中汲取灵感，创作出独具特色的现代艺术作品，将传统与现代相融合，展现出独特的审美价值和艺术魅力。

白族建筑木雕中的吊柱形式有很多，如香草动物纹吊柱等。

（五）角隅

白族传统建筑中的木雕装饰，尤其是在角隅的设计上，承载着丰富的文化内涵和艺术价值。角隅作为建筑中连接墙面和屋顶的重要部分，不仅具有结构支撑的功能，更是展现白族建筑独特韵味的重要元素。这些传统装饰不仅是建筑外观的点缀，更是传统文化的体现，彰显着白族文化的独特魅力。因此，保护和传承白族传统建筑木雕装饰中的角隅设计，对于弘扬民族文化、促进文化交流具有重要意义。

白族建筑木雕中的角隅形式有很多，如香草牡丹纹角隅等。

三、表现手法

（一）形象

建筑装饰的形象表现了建筑装饰的内容及形式，就其内容讲，可以是不同风格、不同时代的装饰，从具体内容来看，可以是主题装饰，如表现一些历史事件，或歌颂某种精神、某类人物，也可以是无主题性装饰，如抽象形装饰，仅追求形式美感。如果装饰的内容具有文化特性，就需要考虑建筑的类型和特征，让内容与建筑类型和特征相统一。构成装饰内容的具体形态一般有平面图案式及立体式。图案式是通过不同颜色、不同材料或不同构成方式去表现图案的内容，立体式是在建筑结构本身之外加上装饰，如浮雕、线脚等，这种装饰不仅能表现出图案形式感，还能表现出立体感。古典建筑中就特别喜用立体装饰，如室外的山花、柱身、室内的穹顶、飞檐等。现代建筑中已经取消了过于复杂的细部立体装饰，而是在几何形体的凸凹变化中改变立体装饰的形式，以突出建筑的现代感。

大理民间使用如意图案由来已久，其来源到底是原始图腾崇拜还是自然崇拜仍不甚明晰。但作为一种民间吉祥的图案，它通过有特殊象征寓意的纹饰和隐喻的符号唤醒了人们美好的情感，表达了人们的愿望。世代相传、演化发展而来的如意图案形式，都有着托物寄思的作用，凝聚着民族艺术的精髓，表达了人们对美好的向往，具有广泛的民俗性和情趣性，蕴涵了深厚的哲理，也满足了不同人的审美需求。

（二）色彩

在建筑装饰上，色彩可以增强装饰的表现力，每一种色彩都有它的特点和效果。色彩还可表现出建筑的历史性和民族性，如中国宫廷建筑以红墙、黄瓦来体现；而大理白族地区的民居建筑则是以白色为主要色调。

早期建筑的色彩基本是建材的原始本色，没有多少人为的加工，有记载的"茅茨土阶"就属这一类。原始社会建筑已用红土、白土与蚌壳灰做涂料，后来由于人们发现了石绿、朱砂、猪石等矿物颜料，加之它们性能稳定，经久不变，因此，人们在制陶、冶炼和纺织等社会生产中，认识并使用了若干来自矿物和植物的颜料，并将其中某些颜料用于建筑作为装饰或防护涂料，这样就产生了后天的建筑色彩。

但建筑色彩的使用和演绎，除了受上述生产条件影响，还被统治阶级的意识形态所左右。就柱上所涂的油漆来说，其原来是为了保护木材不受潮湿，后来由于它有各种颜色，就成为建筑装饰的重要因素。但统治阶级在其中加入了阶级内容，据春秋时期礼制所要求的"礼，楹，天子丹，诸侯黝，大夫苍，士黈"[①]。周天子的宫殿中，柱、墙、台基和某些用具都要涂成红色。汉代宫殿和官署中也大体这样，当时的赋文中有不少关于"丹楹""朱阙""丹墀""朱榱"等的描写。虽然后来红色在等级上退居黄色之后，但仍然是最高贵的色彩之一，历代宫垣庙墙刷土朱色和达官权贵使用朱门，都可以说明这个传统。周代规定青、赤、黄、白、黑五色为正色。汉代除使用上述单色，还在建筑中出现几种色彩相互对比或穿插的形式。前者如"彤轩紫柱""丹墀缥壁""绿柱朱榱"等。后者除使用，并对构成的图案予以明确的定义："青与赤谓之文，赤与白谓之章，白与黑谓之黼，黑与青谓之黻，五采备谓之绣。"[②]北魏时在壁画中使用了"晕"，使同一种颜色由深到浅（称为退晕）或由浅到深（称为对晕），使颜色形成更多的层次。宋代在其基础上继续发展，规定"晕"依深浅划分为三层，到明、清又简化为两层。

白族尚白、崇白，白族民居建筑色彩以白色为基调。民居建筑墙面多为白墙，白墙上面的彩画着色以素雅清淡为主。梁架施以彩绘，以青绿为主色调，并大量使用。大理民居中的木雕构件所处位置不同，采用的色彩也有所差别。一般民居木作部分保持原有自然本色，不加彩饰；大型住宅中，木作均加以漆饰。冷色调以绿、蓝为主，显得素雅清丽；暖色调常见浅褐或深褐色油漆，雕刻处施金漆，使木雕显得华贵。一般大门的色彩以青、绿、金、红等色为主；梁枋多为白、绿、黄等，使人感到恬静、淡雅；格子门一般漆成红色，以金色做浮雕装饰；若为透雕则根据所雕故事内容上色；有的格子门用色鲜艳，给人以欢畅、愉悦之感。

---

① 于倬云. 中国宫殿建筑论文集 [M]. 北京：紫禁城出版社，2002.
② 章风欲. 中华通史 [M]. 北京：东方出版社，2014.

（三）寓意

象征形象产生和传播的基础是中华民族的传统文化和审美习惯。象征形象的主要来源是佛教、道教、历史故事和民俗，其中民俗是最主要的来源。一部分源于宗教、历史故事的象征形象有时也经过民俗的吸收和改造，从而带有较浓厚的民俗色彩。褒扬忠孝礼义思想、达到修身齐家等道德教化目的的象征形象，很大程度上强化了建筑的文化功能，使建筑艺术和装饰艺术达到高度统一。象征形象更多地传播于民间，接受者多为平民百姓，接受范围与其来源必定是相辅相成的。它具有实用意义，也不妨说具有较强的功利性，其所象征的意义不外乎吉祥如意、祛灾避邪、多子多寿、升官发财等，这是中国农民质朴而实际的愿望。它反映了以农民为主体的接受者在艰苦的生活中，希望得到神灵的护佑，盼望有好的命运，生活平安如意，免除灾病以及对美好生活的渴求。

白族建筑木雕中常见的象征形象有：莲花象征出淤泥而不染，宝瓶象征福智圆满，金鱼象征活泼自由，盘长象征回环贯彻，一切通明。祥云、灵芝、如意也都具有祝颂吉祥的意义。"三星高照"是道教中的福星、禄星和寿星，分别象征幸福、富裕和长寿。"和合二仙"象征完美。"八仙"是传说中的八位仙人，他们各有一件宝物，分别是扇子、剑、渔鼓、玉板、葫芦、箫、花篮、荷花，这些看上去普通的器具都象征着主人的一种绝招，因此，八仙的故事在白族流传甚广。

第三节　白族建筑木雕的保护

一、白族建筑木雕的现状

云南传统木雕比较有代表性的是南派和北派。南派（即通海、建水一带）由于种种原因已逐渐失传，只有北派（即大理、剑川一带）有所延续。对于北派来说，虽仍有木器厂在批量生产木雕，但是真正精美的木雕则流落在民间，木雕这门工艺正呈逐渐衰亡之势，亟须保护。近年来，一方面随着人们审美观念的变化，白族木雕（尤其是白族家具木雕）从纹样到形式都有不同程度的变化，白族特色减弱；另一方面，人们保护意识逐渐增强，许多文物、古建筑越来越被重视。大部分云南古建筑中的木雕装饰部分的修复工作都是由大理剑川的建筑工程队完成的，因此，如何在修复非白族古建筑时不受白族建筑技术工艺定式影响也是木雕设计师们要考虑的问题。

二、保护白族木雕的对策

根据白族木雕的现状，我们应有针对性地提出保护白族民居建筑木雕的对策，使白族民居建筑文化得以继承和发展。

（一）加强整理、研究工作

保护与利用云南白族木器是云南民族文化的重要组成部分，开展对其现状及资源利用状况的调查与研究，对于云南传统文化的继承与弘扬、建筑与家具等产业的建设与发展具有积极的推动作用。传统的白族木雕工艺传承多是采用师傅带徒弟的方式，木雕技术以及一些传统的木雕花式都是口传心授，没有一部专著将它完整地记录下来。因而现在迫切需要对传统木雕的雕刻工具、雕刻技巧、图谱等进行整理、归纳研究，使木雕工艺得以传承。

（二）加大宣传力度

各有关单位及部门应相互合作，加大保护白族民居建筑文化的宣传力度。使人们意识到白族木雕的艺术价值、文化价值以及经济价值，主动学习传统木雕技术的精华。

三、白族木雕的开发利用

白族的民居建筑不仅是一种居住空间，更是文化的体现。这些建筑中的木雕艺术，以其精湛的工艺和独特的风格，成为宝贵的旅游资源。木雕在白族民居中的应用极为广泛，从雄伟的大门到精致的家具，无不展现着白族人民的智慧和审美。通过对这些民居建筑文化资源的开发和利用，可以促进民居建筑文化的可持续发展。

旅游观赏方面，白族民居建筑的木雕艺术可以成为吸引游客的亮点。在精心挑选的展示民居中，进行木雕制作现场演示，不仅能够增强旅游体验的互动性，也能够让游客深入了解这门古老艺术的魅力。此外，建立一个专门的木雕工艺博物馆，对于传承和保护木雕工艺具有重要意义。博物馆可以详细介绍白族木雕工艺的历史、发展过程以及各个制作环节，让公众对这门艺术有更全面地认识。

在旅游工艺品的开发上，结合现代人的生活需求，设计并制作出既实用又美观的木雕工艺品，不仅能满足人们的审美需求，还能开拓新的市场，推动旅游业的发展。同时，将现代设计理念与传统木雕工艺相结合，为新建的白族民居增添独特的魅力，这些民居可以作为旅游接待设施，为游客提供更为丰富和真实的文化体验。通过这些方式，白族的木雕艺术和民居建筑文化将得到新的生命力，为未来的发展奠定坚实的基础。

白族民居建筑是重要的旅游资源，白族民居中最富有特色的、修建难度最大的便是建筑木雕，从大门、格子门、柱、枋到家具，木雕都占有重要的地位。开发并利用这种民居建筑文化资源，是民居建筑文化可持续发展的重要内容。

参考文献

[1] 肖广兴. 装饰木雕设计技法 [M]. 哈尔滨：黑龙江美术出版社，2005.

[2] 王静. 中国传统建筑装饰艺术木雕 [M]. 上海：上海交通大学出版社，2014.

[3] 谭均平. 木雕工艺 [M]. 北京：中国林业出版社，1992.

[4] 王山水，张月贤，苏爱萍. 陕西传统民居雕刻文化研究木雕集 [M]. 西安：三秦出版社，2016.

[5] 金柏松. 东阳木雕教程 [M]. 杭州：西泠印社出版社，2011.

[6] 华德韩. 中国东阳木雕 [M]. 杭州：浙江摄影出版社，2001.

[7] 王文广. 湘西建筑木雕的装饰性研究 [M]. 哈尔滨：哈尔滨工业大学出版社，2020.

[8] 黄滢，马勇. 天工开悟：中国古建装饰 木雕1[M]. 武汉：华中科技大学出版社，2018.

[9] 黄滢，马勇. 天工开悟：中国古建装饰 木雕2[M]. 武汉：华中科技大学出版社，2018.

[10] 黄滢，马勇. 天工开悟：中国古建装饰 木雕3[M]. 武汉：华中科技大学出版社，2018.

[11] 秦耕. 中国传统建筑中的装饰艺术与雕刻工艺 [J]. 中国民族博览，2023（13）：171-173.

[12] 王鹏翔. 非遗活态化视角下浅析沙溪白族民居建筑木雕装饰图案 [J]. 收藏与投资，2023，14（3）：178-180.

[13] 张伟孝. 清代东阳木雕的巅峰之作——黄山八面厅木雕装饰艺术解读 [J]. 美术教育研究，2020（11）：20-23.

[14] 宋景景. 陕南丹凤县传统古建筑木雕装饰艺术特征分析 [J]. 收藏与投资，

2022, 13 (2): 99-101.

[15] 苏怡嘉. 清代建筑装饰艺术的审美观与文化价值研究 [J]. 美与时代（上），2021 (7): 82-84.

[16] 沈晓曙. 传统木雕艺术在现代室内设计中的应用探究 [J]. 绿色环保建材，2021 (1): 79-80.

[17] 陈炜，靳荟民，陈秋禧. 江浙地区古建牛腿木雕装饰纹样美学价值 [J]. 建筑与文化，2021 (1): 192-194.

[18] 张翟，周武. 嘉道年间婺州戏文木雕装饰艺术研究 [J]. 美术大观，2020 (5): 104-107.

[19] 张伟孝. 明清江浙地区木雕装饰纹样中的生殖文化 [J]. 文化学刊，2019 (11): 66-69.

[20] 秦瑾. 中国古建装饰纹样的文化特征 [J]. 青春岁月，2014 (11): 45.

[21] 张悦. 徽州祁门古戏台木雕装饰艺术研究 [D]. 合肥：合肥工业大学，2021.

[22] 李丹. 明清时期山陕会馆建筑装饰的审美文化研究 [D]. 西安：西北大学，2019.

[23] 廖焱. 东阳木雕艺术在蔡宅村非遗博物馆的设计应用 [D]. 杭州：浙江理工大学，2019.

[24] 冯永荣. 山西民居木雕装饰图案研究 [D]. 太原：山西师范大学，2013.

[25] 范硕秋. 清代东阳木雕的审美文化研究 [D]. 新乡：河南师范大学，2013.

[26] 付娟. 浅谈王家大院木雕门窗的装饰艺术 [D]. 太原：山西大学，2012.

[27] 宋博. 安徽卢村志诚堂木雕装饰艺术研究 [D]. 苏州：苏州大学，2012.

[28] 孟娴. 云南剑川木雕装饰艺术及其传承研究 [D]. 昆明：昆明理工大学，2009.

[29] 孙丹婷. 大理白族建筑木雕装饰技艺精神 [D]. 昆明：昆明理工大学，2005.

[30] 熙方方. 大理州白族木雕图案研究 [D]. 北京：中央民族大学，2015.